普通高等院校“十三五”教育类规划教材

# 数学思维拓展

高子清　林晓颖　周淑红　主　编

虞忠华　杨丽丽　徐　伟　
陈　虹　盛　茜　程伟婧　副主编

中国铁道出版社
CHINA RAILWAY PUBLISHING HOUSE

# 内 容 简 介

本书共有 12 讲，适合具有一定数学基础的学习者进一步提高数学解题能力，扩展解题方法，加强解题思路和分析常见案例找到教学的应对策略。目的是培养学生的解题思路，主要形式为课题解析、核心提示、例题精讲、练习题、教学策略等。

本书适合作为普通高等教育师范类院校学生的必修课或作为选修课教材，也适合从事教育行业的人员参考。

**图书在版编目(CIP)数据**

数学思维拓展/高子清，林晓颖，周淑红主编. —北京：中国铁道出版社，2018.7

普通高等院校“十三五”教育类规划教材

ISBN 978-7-113-22797-5

Ⅰ.①数… Ⅱ.①高… ②林… ③周… Ⅲ.①数学-思维方法-高等学校-教材 Ⅳ.①O1-0

中国版本图书馆 CIP 数据核字(2018)第 129685 号

**书　　名**：数学思维拓展

**作　　者**：高子清　林晓颖　周淑红　主编

---

**策　　划**：潘星泉　　　　　　**读者热线**：(010)63550836

**责任编辑**：潘星泉　徐盼欣

**封面设计**：刘　颖

**责任校对**：张玉华

**责任印制**：郭向伟

---

**出版发行**：中国铁道出版社(100054，北京市西城区右安门西街 8 号)

**网　　址**：http://www.tdpress.com/51eds/

**印　　刷**：三河市航远印刷有限公司

**版　　次**：2018 年 7 月第 1 版　　2018 年 7 月第 1 次印刷

**开　　本**：787 mm×1 092 mm　1/16　**印张**：11　**字数**：226 千

**书　　号**：ISBN 978-7-113-22797-5

**定　　价**：34.00 元

---

# 前　言

目前,《大学数学课程教学要求》《义务教育数学课程标准》等文件对数学思维的培养越来越重视。根据这些教学指导文件和目前改革的形势,我们组织部分院校教师编写了这本《数学思维拓展》。本教材的开发,是在调查研究和对在校大学生的数学思维能力水平进行分析比较的基础上形成的,我们希望结合小学数学教学的实际情况,开创立意新颖、底蕴深厚、方向性强的小学数学教育方向教材,并希望通过该教材的使用,为我国小学数学解题思路教学的研究提供理论支撑。

本教材主要从植树问题、周期问题、年龄问题、平均数问题、百分数问题、盈亏问题、行程问题、逻辑问题、鸡兔同笼问题、容斥问题、抽屉原理、方阵问题入手,探究小学数学的解题思路。本教材内容丰富,学习时应注意以下几点:

(1)举一反三,触类旁通,通过对教材中问题的探究找到解决方法,扩展解题思想。

(2)探究解题思路的同时关注解题的思维过程,了解小学生在解决某个问题时是如何思考的,有效地找到教育教学的切入点,最终使学生思维得到良好发展。

在本教材编写中,我们注重教材的思想性、实用性、时代性和趣味性。本教材共有12讲,每讲包含一个学生熟悉的专题,紧贴小学数学教材。同时,每讲都分为课题解析、核心提示、例题精讲、练习题、教学策略五个环节,在例题精讲环节中加入举一反三、拓展练习等创新形式,让习题不再枯燥无味。

本教材的适用对象为普通高等学校小学教育专业、教育学专业、数学专业等学生,也可供从事教育行业的工作人员参考使用。

本书由哈尔滨学院高子清、林晓颖、周淑红任主编,哈尔滨冰雪运动学校虞忠华、哈尔滨市师范附属小学杨丽丽、哈尔滨市兆麟小学徐伟、哈尔滨市育红小学陈虹、哈尔滨市兆麟小学盛茜、哈尔滨市师范附属小学程伟婧任副主编。

由于编者学识有限,同时本书的体例又是一种新的尝试,所以疏漏和不妥之处在所难免,恳请各位同仁及广大读者提出批评意见,我们定将认真参考、采纳。

编　者

2018年4月

# 目　　录

# 第一讲　植 树 问 题

## 课题解析

植树问题是在一定的线路上(封闭或不封闭),根据全长、株距和棵数进行植树的问题.

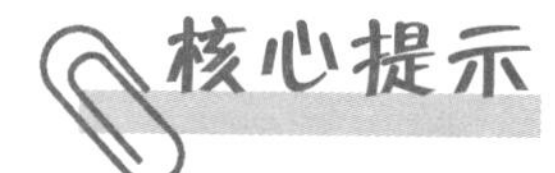

## 核心提示

1. 非封闭路线植树问题

(1)两端植树:棵数=段数+1;

(2)一端植树:棵数=段数;

(3)两端不植:棵数=段数−1.

2. 封闭路线植树问题

棵数=段数.

若在多边形线路上植树,还要考虑到各顶点是否植树.

3. 基本数量关系

全长=株距×段数.

## 例题精讲

**【例 1】** 小朋友们植树,先植一棵树,以后每隔 3 米植一棵,已经植了 9 棵,问:第一棵树和第九棵树相距多少米?

**解析** 由题意可知,这是一个两端植树问题.

公式:棵数=段数+1,所以段数=棵数−1.

$$3\times(9-1)=24(\text{米})$$

答:第一棵树和第九棵树相距 24 米.

[举一反三]

1. 在路的一侧插彩旗,每隔 5 米插一面,从起点到终点共插了 10 面.这条路有多长?

**解析** “从起点到终点共插了 10 面”说明这是一个两端植树问题,所以段数=棵树−1,全长＝株距×段数.

$$5\times(10-1)=45(\text{米})$$

2. 城中小学在一条大路边从头至尾植树28棵,每隔6米植一棵,这条大路多长?

**解析** 这是一个两端植树问题.段数＝棵树－1,全长＝株距×段数.

$$(28-1)\times6=162(\text{米})$$

[**拓展练习**]

在一条马路的一边从头至尾植树36棵,每相邻两棵之间隔8米,这条马路有多长?

**解析** 这是一个两端植树问题.段数＝棵树－1,全长＝株距×段数.

$$(36-1)\times8=280(\text{米})$$

**【例2】** 在一条长40米的大路两侧植树,从起点到终点一共植了22棵树,已知相邻两棵树之间的距离都相等,问相邻两棵树之间的距离是多少?

**解析** 根据“在路的两侧共植了22棵树”这个条件,我们可以先求出一侧栽了22÷2＝11(棵)树,那么从第1棵树到第11棵树之间的间隔(段数)是11－1＝10(个).40米长的大路平均分成10段,每段是40÷10＝4(米).

$$22\div2=11(\text{棵})$$

$$11-1=10(\text{个})$$

$$40\div10=4(\text{米})$$

综合算式:40÷(22÷2－1)＝4(米)

答:相邻两棵树之间的距离是4米.

[**举一反三**]

1. 在一条长32米的公路一侧插彩旗,从起点到终点共插了5面,相邻两面旗之间的距离相等,相邻两面旗之间相距多少米?

**解析** 这是一个两端植树问题.由全长＝株距×段数可以得到,株距＝全长÷段数.

$$32\div(5-1)=8(\text{米})$$

2. 在公园一条长25米的路的两侧放椅子,从起点到终点共放了12把椅子,相邻两把椅子之间的距离相等,相邻两把椅子之间相距多少米?

**解析** 忽略椅子长度,路两侧放,每侧6把椅子.

$$25\div(6-1)=5(\text{米})$$

3. 在一座长800米的大桥上两边挂彩灯,起点和终点都挂,一共挂了202盏,相邻两盏彩灯之间的距离相等,相邻两盏彩灯之间相距多少米?

**解析** 在桥的两边挂彩灯,因此单侧所挂彩灯数应该是202盏的一半.

$$800\div(202\div2-1)=8(\text{米})$$

4. 在一条100米的大路两侧各植一行树,起点和终点都植,一共植了52棵,相邻两棵树之间的距离相等,相邻两棵树之间相距多少米?

**解析**　单侧栽种 $52\div2=26$(棵),段数$=26-1=25$(段).

$$100\div(52\div2-1)=4(米)$$

[**拓展练习**]

同学们做早操,21 个同学排成一排,每相邻两个同学之间的距离相等,第一个人到最后一个人的距离是 40 米,相邻两同学之间距离多少米?

**解析**　$40\div(21-1)=2$(米)

**【例 3】**　把一根钢管锯成小段,一共花了 28 分钟,已知每锯开一段要 4 分钟,这根钢管被锯成了多少段?

**解析**　要求钢管被锯的段数,必须首先求出钢管被锯开几处,由题可知钢管被锯开 $28\div4=7$(处),因而锯开的段数有 $7+1=8$(段).

$$28\div4=7(处)$$

$$7+1=8(段)$$

综合算式:$28\div4+1=8$(段)

答:这根钢管被锯成了 8 段.

[**举一反三**]

1. 在一条 20 米长的绳子上挂气球,从一端起,每隔 5 米挂一个气球,一共可以挂几个气球?

**解析**　$20\div5+1=5$(个)

2. 在一条长为 200 米的大路的一旁植树,从头至尾每隔 5 米植一棵树,一共能植多少棵?

**解析**　$200\div5+1=41$(棵)

[**拓展练习**]

把一根钢管锯成小段,一共花了 36 分钟,已知每锯开一段要 3 分钟,这根钢管被锯成了多少段?

**解析**　$36\div3+1=13$(段)

**【例 4】**　一根圆木锯成 2 米长的小段,一共花了 15 分钟,已知每锯开一段要 3 分钟,这根圆木长多少米?

**解析**　要求这根圆木长多少米,必须先求出圆木被锯的段数,由题可知圆木被锯开 $15\div3+1=6$(段),因而这根圆木长为 $2\times6=12$(米).

$$15\div3+1=6(段)$$

$$2\times6=12(米)$$

综合算式:$2\times(15\div3+1)=12$(米)

答:这根圆木长 12 米.

[举一反三]

1. 一座长 400 米的大桥两旁挂彩灯，每两个相邻彩灯之间的间隔为 4 米，从桥头到桥尾一共挂了多少盏？

**解析**　(400÷4+1)×2=202(盏)

2. 六年级学生参加广播操比赛，排了 5 路纵队，队伍长为 20 米，前后两排之间相距 1 米，六年级一共有多少名学生？

**解析**　(20÷1+1)×5=105(人)

[拓展练习]

一条公路长 480 米，在两旁植树，两端都植. 每隔 12 米植一棵杉树. 两棵杉树中间又等距离地植了 3 棵柳树，问杉树和柳树各植了多少棵？

**解析**　根据题意可得，间隔数是 480÷12=40(个)，那么，杉树的棵数是(40+1)×2=82(棵)；柳树的棵数是 40×3×2=240(棵).

**【例 5】**　有一根木料，要锯成 4 段，每锯开一处要 5 分钟，全部锯开要多长时间？

**解析**　要求全部锯开多长时间，就要先求出要锯几次，由题可知锯的次数为 4－1=3(次)，全部锯开的时间为 5×3=15(分钟).

4－1=3(次)

5×3=15(分钟)

综合算式：5×(4－1)=15(分钟)

答：全部锯开要 15 分钟.

[举一反三]

有一根木料，要锯成 8 段，每锯开一处要 2 分钟，全部锯开要多长时间？

**解析**　2×(8－1)=14(分钟)

[拓展练习]

有一根圆木，要锯成 12 段，每锯开一处要 6 分钟，全部锯开要多长时间？

**解析**　6×(12－1)=66(分钟)

**【例 6】**　一个木工锯一根 19 米的木料，他先把一头损坏的部分锯下来 1 米，然后锯了 5 次，锯成同样长短的木条，每根木条长多少米？

**解析**　根据题意，把长 19－1=18(米)的木条锯 5 次，可以锯成 5+1=6 段，所以，每根木条长 18÷6=3(米).

19－1=18(米)

5+1=6(段)

18÷6=3(米)

综合算式：(19－1)÷(5+1)=3(米)

答:每根木条长 3 米.

[**举一反三**]

1. 一个木工锯一根 17 米的木料,他先把一头损坏的部分锯下来 2 米,然后锯了 4 次,锯成同样长短的木条,每根木条长多少米?

**解析**　(17－2)÷(4＋1)＝3(米)

2. 有一根圆钢长 22 米,先锯下来 2 米,剩下的锯成每根都是 4 米的小段,又锯了几次?

**解析**　(22－2)÷4－1＝4(次)

[**拓展练习**]

有一个工人把长 12 米的圆钢锯成 3 米长的小段,锯断一次要 5 分钟,共需要多少分钟?

**解析**　5×(12÷3－1)＝15(分钟)

**【例 7】**　一个圆形跑道长 300 米,沿跑道周围每隔 6 米插一面红旗,每两面红旗中间插一面黄旗,跑道周围插了多少面红旗和黄旗?

**解析**　在圆周上插旗,面数＝段数,所以插了红旗 300÷6＝50(面).由于每两面红旗中间插一面黄旗,所以黄旗面数等于红旗面数,也是 50 面.

300÷6＝50(面)

答:跑道周围插了 50 面红旗和 50 面黄旗.

[**举一反三**]

1. 在一个周长是 240 米的泳池周围植树,每隔 5 米植一棵,一共要植多少棵?

**解析**　240÷5＝48(棵)

2. 有一个圆形花圃,周长为 30 米,每隔 3 米栽一棵月季花,每两棵月季花之间栽一棵兰花.问:花圃中各有多少棵月季花和兰花?

**解析**　月季花数为 30÷3＝10(棵);

月季棵树＝间隔数＝兰花棵树,所以兰花数为 10 棵.

3. 有一个正方形水池,绕着它走一圈是 200 米,若每隔 10 米装一盏红灯,在相邻两红灯之间等距离装 4 盏黄灯,问:黄灯多少盏?

**解析**　间隔数＝红灯数,为 200÷10＝20(个);

黄灯数为 20×4＝80(盏).

[**拓展练习**]

在一块长 80 米、宽 60 米的矩形地的周围种树,每隔 4 米种一棵,一共要种多少棵?

**解析**　(80＋60)×2÷4＝70(棵)

**【例 8】**　甲乙比赛爬楼梯,甲爬到 5 楼时,乙恰好爬到 3 楼,照这样计算,甲爬到 17 楼时,乙爬到几楼?

**解析**　解答爬楼梯问题,不能以楼层进行计算,而是要用楼梯段数进行计算,因为第一层楼是不用爬的,(楼层数－1)才是要爬的楼梯段数.由题意可知“甲爬到5楼时,乙恰好爬到3楼”,实际是说甲爬(5－1)段楼梯,与乙爬(3－1)段楼梯时间相同.照这样计算,甲爬到17楼,也就是爬了(17－1)段楼梯,应该是爬(5－1)段楼梯所用时间的4倍,在同一时间里乙爬的楼梯段数也是他爬(3－1)段楼梯所用时间的4倍,也就是这时乙爬了8段楼梯,即乙爬到了第8＋1＝9(层)楼.

5－1＝4(段)

17－1＝16(段)

16÷4＝4

3－1＝2(段)

2×4＝8(段)

8＋1＝9(层)

综合算式(3－1)×[(17－1)÷(5－1)]＋1＝9(层)

答:甲爬到17楼时,乙爬到9楼.

[**举一反三**]

1. 甲乙比赛爬楼梯,甲爬到4楼时,乙恰好爬到5楼,照这样计算,甲爬到16楼时,乙爬到几楼?

**解析** (16－1)÷(4－1)＝5

(5－1)×5＋1＝21(楼)

2. 甲乙比赛爬楼梯,甲的速度是乙的2倍,照这样计算,乙爬到6楼时,甲爬到几楼?

**解析** (6－1)×2＋1＝11(楼)

[**拓展练习**]

有一栋10层的大楼,由于停电,某人从一层到三层用了30秒,则他从三层到十层要用多久?

**解析** 每上一层30÷(3－1)＝15(秒)

15×(10－3)＝105(秒)

## 练习题

1. 光明学校旁边的一条路长400米,在路的一边从头到尾每隔4米种一棵树,一共能种几棵树?

2. 一条公路的一旁连两端在内共植树91棵,每两棵之间的距离是5米,求公路长多少米?

3. 在一条长240米的水渠边上植树,每隔3米植1棵.两端都植,共植树多少棵?

4. 从小熊家到小猪家有一条小路,每隔45米种一棵树,加上两端共53棵;现在改成每隔60米种一棵树.求可余下多少棵树?

5. 从甲地到乙地每隔60米安装一根电线杆,加上两端共51根;现在改成每隔40米安装一根电线杆.还需要多少根电线杆?

6. 把 1 根木头锯断,要 2 分钟.把这根木头锯成 4 段,要几分钟?

7. 人到一座高层楼的 8 楼去办事,不巧停电,电梯停开.他从 1 楼走到 4 楼用了 48 秒.用同样的速度走到 8 楼,还要多长时间?

8. 时钟 4 点钟敲 4 下,用 12 秒敲完.那么 6 点钟敲 6 下,几秒钟敲完?

9. 同学们上体育课,有 10 个男生排成一排,相邻两个男生相隔 1 米.问这排男生排列的长度有多少米?

10. 马路的一边,相隔 8 米有一棵杨树.小强乘汽车从学校回家,从看到第一棵树到第 153 棵树共花了 4 分钟,小强从家到学校共坐了半小时的汽车,问:小强的家距离学校多远?

11. 马路的一边每相隔 9 米栽有一棵柳树.张军乘汽车 5 分钟共看到 501 棵柳树.问汽车每分钟走多少米?

12. 晶晶上楼,从第一层走到第三层需要走 36 级台阶.如果从第一层走到第六层需要走多少级台阶?(各层楼之间的台阶数相同)

13. 街心公园一条甬道长 200 米,在甬道的两旁从头到尾等距离栽种美人蕉,共栽种美人蕉 82 棵,每两棵美人蕉相距多少米?

14. 街心公园一条长 200 米的甬道两端各有一株桃树,现在两棵桃树之间等距离栽种了 39 株月季花,每两株月季花相隔多少米?

15. 学校召开运动会前,在 100 米直跑道外侧每隔 10 米插一面彩旗,在跑道的一端原有一面彩旗,还需备多少面彩旗?

16. 在一条长 50 米的跑道两旁,从头到尾每隔 5 米插一面彩旗,一共插多少面彩旗?

17. 街心公园一条直甬路的一侧有一端原栽种着一株海棠树,现每隔 12 米栽一棵海棠树,共用树苗 25 棵,这条甬路长多少米?

18. 有一条长 1 250 米的公路,在公路的一侧从头到尾每隔 25 米栽一棵杨树,园林部门需运来多少棵杨树苗?

19. 在一条绿荫大道的一侧从头到尾每隔 15 米竖一根电线杆,共用电线杆 86 根,这条绿荫大道全长多少米?

20. 某公园内一条林荫大道全长 800 米,在它的一侧从头到尾等距离地放着 41 个垃圾桶,每两个垃圾桶之间相距多少米?

21. 一个圆形养鱼池全长 200 米,现在水池周围种上杨树 25 棵,隔几米种一棵才能都种上?

22. 明明要爷爷出一道趣味题,爷爷给他念了一个顺口溜:湖边春色分外娇,一株杏树一株桃,平湖周围三千米,六米一株都栽到,漫步湖畔美景色,可知桃杏各多少?

23. 一个圆形池塘,它的周长是 300 米,每隔 5 米栽种一棵柳树,需要柳树多少株?

24. 一个圆形水池周围每隔 2 米栽一棵杨树,共栽了 40 棵,水池的周长是多少米?

25. 某市计划在一条长 30 千米的马路上,由起点至终点每隔 2 千米设立 1 个车站,问不包括起点与终点在这条马路上共有多少个车站？

26. 在一条小路旁边放一排花盆，相邻两盆之间的距离为 4 米，共放了 25 盆，现在要改成每 6 米放一盆，问有几盆花不必搬动？

27. 20 名运动员骑摩托车围绕体育场的圆形跑道头尾相接作表演，每辆车长 2 米，前后每辆车相隔 18 米，这列车队长多少米？

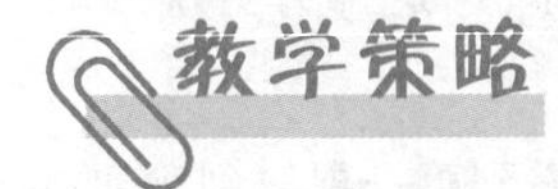


对“植树问题”课堂教学的几点建议：

**1. 创设简单易懂的生活原型——让数学贴近生活**

植树问题的模型是一类相关问题的扩展，它来源于生活，又回归于生活，在现实生活中有着广泛的应用价值.为了让学生理解这一模型的意义，在课堂教学之前创设摆手指、数间隔等游戏.课后，选取与学生生活息息相关的植树问题的练习，如做操时的排队问题、敲钟问题、楼层问题等，它们都含有与植树问题相同的数量关系，都可以利用植树问题的模型来解决，使学生认识到数学模型与现实生活的联系，体会到数学的价值与魅力，从而提高学生学习数学的兴趣.

**2. 重视学生自主探索和合作交流**

学生的数学学习内容应当是现实的、有意义的、富有挑战性的，教学时可以直接出示题目，放手让学生讨论，当学生阐述了多种不同的答案，意见有了分歧，辩论、质疑使课堂达到高潮时，教师不要直接公布答案，而是引导学生主动地进行观察、思考.学生是数学学习的主人，教师是数学学习的组织者、引导者与合作者.之后的教学要为学生创设一种宽松的学习氛围，给学生充分的时间和空间，让他们动手实践、自主探索、合作交流，从中发现规律，并能针对不同的问题采用不同的策略加以解决.

**3. 注重模型的建构及数学思想方法的渗透**

数学思想方法是数学的灵魂，既是数学知识的精髓，又是知识转化为能力的桥梁.在“植树问题”教学过程中，向学生渗透在数学学习及研究问题的数学思想方法，同时使学生感悟到应用数学模型解题所带来的便利.“模型的建构”比“植树问题三种情况的区分”更重要，数学思想方法的渗透比数学知识本身更重要.

(1)在探究过程中注重模型的建构.

(2)在化繁为简中感悟化归思想.

(3)在探寻规律中渗透数形结合思想.

(4)在对比中突出“一一对应”数学思想.

当一个数学问题呈现在我们面前时，学生的思维是多角度的，以上的几种教学策略只是平时常用的导引途径，为了能够更有效地提高学生对数学问题解决的能力，提高课堂教学效果，教师还要引导学生在数学问题解决的实践中不断思索探求.

# 第二讲　周期问题

## 课题解析

我们在学习小数的时候，知道有一类小数叫循环小数，例如：1/3=0.333 333 3…，22/7=3.142 857 142 857…等，像0.333 333 3…和0.142 857 142 857 142 857…不断地循环出现，每出现一次就叫做一个周期.在日常生活中，有一些按照一定的规律不断重复的现象，如人的十二生肖：子(鼠)丑(牛)寅(虎)卯(兔)辰(龙)巳(蛇)午(马)未(羊)申(猴)酉(鸡)戌(狗)亥(猪)，每个星期有七天，一年有春夏秋冬四个季节，等等.我们把这种特殊的规律性问题称为周期问题.

## 核心提示

**1. 周期现象**

事物在运动变化过程中，某些特征有规律地循环出现.周期：我们把连续两次出现所经过的时间称为周期.解决有关周期性问题的关键是确定循环周期.

分类：(1)图形中的周期问题；(2)数列中的周期问题；(3)日期中的周期问题.

**2. 周期性问题的基本解题思路**

首先要正确理解题意，从中找准变化的规律，利用这些规律作为解题的依据；其次要确定解题的突破口.主要方法有观察法、逆推法、经验法等.主要问题有年月日、星期几问题等.

(1)观察、逆推等方法找规律，找出周期.确定周期后，用总量除以周期，如果正好有整数个周期，结果就为周期里的最后一个.

例如：1，2，1，2，1，2，…那么第18个数是多少？

这个数列的周期是2，18÷2=9，所以第18个数是2.

(2)如果比整数个周期多$n$个，那么为下个周期里的第$n$个.

例如：1，2，3，1，2，3，1，2，3，…那么第16个数是多少？

这个数列的周期是3，16÷3=5…1，所以第16个数是1.

(3)如果不是从第一个数开始循环，可以从总量里减掉不是循环的个数后，再继续算.

例如：1，2，3，2，3，2，3，…那么第16个数是多少？

这个数列从第二个数开始循环，周期是 2，(16－1)÷2＝7…1，所以第 16 个数是 2.

## 板块一　图形中的周期问题

**【例 1】** 小兔和小松鼠做游戏，它们把黑、白两色小球按下面的规律排列：

它们所排列的这些小球中，第 90 个是什么球？第 100 个又是什么球呢？

**解析** 仔细观察图中球的排列，不难发现球的排列规律是：2 个黑球，1 个白球；2 个黑球，1 个白球；……也就是按“2 个黑球，1 个白球”的顺序循环出现，因此，这道题的周期为 3(2 个黑球，1 个白球). 再看看 90，100 里包含有几个这样的周期. 若正好有整数个周期，结果为周期里的最后一个；若是有整数个周期多几个，结果就为下一个周期里的第几个. 因为 90÷3＝30，正好有 30 个周期，所以第 90 个是白球；100÷3＝33…1，有 33 个周期还多 1 个，所以第 100 个是黑球.

**[举一反三]**

美美有黑珠、白珠共 102 个，她想把它们做成一个链子挂在自己的床头上，她是按下面的顺序排列的：

○●○○○●○○○●○○○……

那么你知道这串珠子中，最后一个珠子应是什么颜色吗？

美美怕这种颜色的珠子数量不够，你能帮她算出这种颜色在这串珠子中共有多少个吗？

**解析** 观察可以发现，这串珠子是按“一白、一黑、二白”4 个珠子组成一组，并且不断重复出现的. 我们先算出 102 个珠子可以这样排列成多少组，还余多少. 我们可以根据排列周期判断出最后一个珠子的颜色，还可以求出有多少个这样的珠子. 因为 102÷4＝25…2，所以最后一个珠子是第 26 个周期中的第二个，即为黑色. 在每一个周期中只有 1 个黑珠子，所以黑色珠子在这串珠子中共有 25＋1＝26(个).

**[拓展练习]**

小倩有一串彩色珠子，按红、黄、蓝、绿、白五种颜色排列.

(1)第 73 颗是什么颜色的？

(2)第 10 颗黄珠子是从头起第几颗？

(3)第 8 颗红珠子与第 11 颗红珠子之间(不包括这两颗红珠子)共有几颗珠子？

**解析** (1)这些珠子是按红、黄、蓝、绿、白的顺序排列，每一组有 5 颗. 73÷5＝14(组)…3(颗)，第 73 颗是第 15 组的第 3 颗，所以是蓝色的.

(2)第10颗黄珠子前面有完整的9组，一共有$5\times9=45$(颗)珠子.第10颗黄珠子是第10组的第2颗，所以它是从头数的第47颗.列式:$5\times9+2=45+2=47$(颗).

(3)第8颗红珠子与第11颗红珠子之间一共有14颗珠子.第8颗红珠子与第11颗红珠子之间有完整的两组(第9、10组)，共10颗珠子，第8颗红珠子后面还有4颗珠子，所以是14颗.列式:$5\times2+4=10+4=14$(颗).

**【例2】** 节日的夜景真漂亮，街上的彩灯按照5盏红灯、再接4盏蓝灯、再接1盏黄灯，然后又是5盏红灯、4盏蓝灯、1盏黄灯……这样排下去.问:

(1)第150盏灯是什么颜色?

(2)前200盏彩灯中有多少盏蓝灯?

**解析**　(1)街上的彩灯按照“5盏红灯、4盏蓝灯、1盏黄灯”这样一个周期变化的，实际上一个周期就是$5+4+1=10$(盏)灯.$150\div10=15$，150盏灯刚好15个周期，所以，第150盏应该是这个周期的最后一盏，是黄色的灯.

(2)如果是200盏灯，就是$200\div10=20$的周期.每个周期都有4盏蓝灯，$20\times4=80$(盏)，即前200盏彩灯中有80盏蓝灯.

[**举一反三**]

在一根绳子上依次穿2个红珠、2个白珠、5个黑珠，并按此方式反复，如果从头开始数，直到第50颗，那么其中白珠有多少颗?

**解析**　$50\div(2+2+5)=5\cdots5$.　$5\times2+2=12$(个).

[**拓展练习**]

小莉把平时积存下来的200枚硬币按3个1分、2个2分、1个5分的顺序排列起来.

(1)最后1枚是几分硬币?

(2)这200枚硬币一共价值多少钱?

**解析**　(1)每个周期有$3+2+1=6$枚硬币，要求最后一枚，用这个数除以6，根据余数来判断.

$200\div6=33\cdots2$，所以最后一枚是1分硬币.

(2)每个周期中6枚硬币共价值$1\times3+2\times2+1\times5=12$(分)，用这个数乘以周期次数再加上余下的，就可以得到一共价值多少了.$12\times33+2=398$(分)，所以这200枚硬币一共价值398分.

**【例3】** 如下表所示，每列上、下两个字(字母)组成一组，例如，第一组是“我，$A$”，第二组是“们，$B$”……

| 我 | 们 | 爱 | 科 | 学 | 我 | 们 | 爱 | 科 | 学 | 我 | … |
|---|---|---|---|---|---|---|---|---|---|---|---|
| $A$ | $B$ | $C$ | $D$ | $E$ | $F$ | $G$ | $A$ | $B$ | $C$ | $D$ | … |

(1)写出第62组是什么.

(2)如果“爱，$C$”代表1991年，那么“科，$D$”代表1992年……问2008年对应怎样的组?

**解析** (1)要求第 62 组是什么数,我们要分别求出上、下两行是什么字(字母),上面一行是以“我们爱科学”五个字为一个周期,下面一行则是以“$ABCDEFG$”七个字母为一个周期. $62\div5=12\cdots2$ ,$62\div7=8\cdots6$,所以第 62 组是“们,$F$”.

(2)2008 是 1991 之后的第 17 组,现在上面一行按“科学我们爱”五个字为一个周期,下面一行则按“$DEFGABC$”七个字母为一个周期. $2008-1991=17$(组),$17\div5=3\cdots2$,$17\div7=2\cdots3$,所以 2008 年对应的组为“学,$F$”.

[**举一反三**]

在下表中,将每列上、下两个字组成一组,例如第一组为(新奥),第二组为(北林),那么第 50 组是什么?

| 新北京新奥运新北京新奥运新北京新奥运… |
|---|
| 奥林匹克运动会奥林匹克运动会奥林匹克运动会… |

**解析** 要知道第 50 组是哪两个字,我们首先要弄清楚第一行和第二行的第 50 个字分别应该是什么. 第一行“新北京新奥运”是 6 个字一个周期,$50\div6=8\cdots2$,第 50 个字就是北. 再看第二行“奥林匹克运动会”是 7 个字一个周期,$50\div7=7\cdots1$,第 50 个字就是奥. 把第一行和第二行合在一起,第 50 组就是“北奥”.

[**拓展练习**]

有 249 朵花,按 5 朵红花、9 朵黄花、13 朵绿花的顺序轮流排列,最后一朵是什么颜色的花? 这 249 朵花中,什么花最多,什么花最少? 最少的花比最多的花少几朵?

**解析** 这些花按 5 红、9 黄、13 绿的顺序轮流排列,它的一个周期内有 $5+9+13=27$(朵)花. 因为 $249\div27=9\cdots6$,所以,这 249 朵花中含有 9 个周期还余下 6 朵花. 按花的排列规律,这 6 朵花中前 5 朵应是红花,最后一朵应是黄花. 在这一个周期里,绿花最多,红花最少,所以在 249 朵花中,自然也是绿花最多,红花最少. 少几朵呢? 有两种解法:

方法 1:$249\div27=9\cdots6$

红花有 $5\times9+5=50$(朵),绿花有 $13\times9=117$(朵),红花比绿花少 $117-50=67$(朵).

方法 2:$249\div27=9\cdots6$,一个周期少的 $13-5=8$(朵),$9\times8=72$(朵),余下的 6 朵中还有 5 朵红花,所以 $72-5=67$(朵).

**【例 4】** 如右图,有一片刚刚收割过的稻田,每个小正方形的边长是 1 米,$A$、$B$、$C$ 三点周围的阴影部分是圆形的水洼. 一只小鸟飞来飞去,四处觅食,它最初停留在 0 号位,过了一会儿,它跃过水洼,飞到关于 $A$ 点对称的 1 号位;不久,它又飞到关于 $B$ 点对称的 2 号位;接着,它飞到关于 $C$ 点对称的 3 号位,再飞到关于 $A$ 点对称的 4 号位……如此继续,一直对称地飞下去. 由此推断,2004 号位和 0 号位之间的距离是多少米?

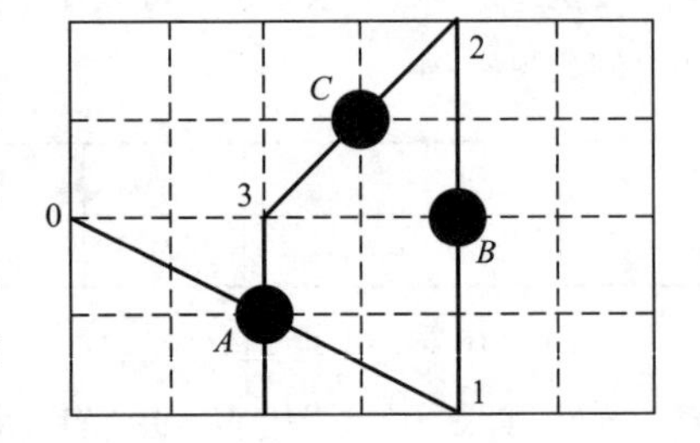

**解析**　0 米.根据题上给出的条件,动手画出,就可以了！四次再次回到 0 号位置！2004 是 4 的倍数,所以第 2004 号位和 0 号位之间的距离是 0 米.

[**举一反三**]

现将 16 把椅子摆成一个圆圈,顺时针依次编号为 1～16,现有一人从 1 号椅子顺时针前进了 328 个,再逆时针前进 485 个,又顺时针前进了 328 个,再逆时针前进 485 个,又顺时针前进了 136 个,这时他到了第几号椅子上?

**解析**　不管顺时针还是逆时针,只要前进 16 个就回到原来位子,即周期为 16,所以只考虑前进了多少个大圈又后退了多少的大圈就可以知道他到了第几号椅子上了,但要注意顺时针前进和逆时针前进的方向问题.

方法 1:

$$328\div16=20(\text{圈})\cdots8(\text{个})$$
$$485\div16=30(\text{圈})\cdots5(\text{个})$$
$$136\div16=8(\text{圈})\cdots8(\text{个})$$

顺时针前进:$8+8+8=24$(个)

逆时针前进:$5+5=10$(个)

总计顺时针前进:$24-10=14$(个)

这时候他到了第 15 号椅子上.

方法 2:

$$(328-485+328-485+136)\div16=-11(\text{圈})\cdots-2(\text{个})$$

这时候他到了第 15 号椅子上.

## 板块二　数列中的周期问题

**【例 5】**　小和尚在地上写了一列数:7,0,2,5,3,7,0,2,5,3,….

(1)你知道他写的第 81 个数是多少吗?

(2)你能求出这 81 个数相加的和是多少吗?

**解析**　(1)从排列上可以看出这组数按 7,0,2,5,3 依次重复排列,那么每个周期就有 5 个数.$81\div5=16\cdots1$,81 个数则是 16 个周期还多 1 个,第 1 个数是 7,所以第 81 个数是 7.

(2)每个周期各个数之和是 $7+0+2+5+3=17$.用每个周期各数之和乘以周期次数再加上余下的各数,即可得到答案.$17\times16+7=279$,所以,这 81 个数相加的和是 279.

[**举一反三**]

根据下面一组数列的规律求出 51 是第几个数.

1,2,3,4,6,7,8,9,11,12,13,14,16,17,…

**解析** 观察题目可知数列个位数字每九个数一组，十位数字依次增加，0～4 共五个数，则可列式为 $5\times9+1=46$，即 51 为第 46 个数.

[**拓展练习**]

1. $4\times4\times\cdots\times4$(25 个 4)，积的个位数是几？

**解析** 按照乘数的个数，积的末位数字的规律是：4，6，4，6，4，6，…，奇数个 4 相乘得数的末位数字是 4，偶数个 4 相乘得数的末位数是 6，所以 $25\div2=12\cdots1$，25 个 4 相乘，积的末位数字是 4.

2. 24 个 2 相乘，积的末位数字是几？

**解析** 按照乘数的个数，末位数字的规律是 2，4，8，6，2，4，8，6，…，4 个一组 $24\div4=6$，所以 24 个 2 相乘，积末位数字是 6.

**【例 6】** 12 个同学围成一圈做传手绢的游戏，如右图.

(1)从 1 号同学开始，顺时针传 100 次，手绢应在谁手中？

(2)从 1 号同学开始，逆时针传 100 次，手绢又在谁手中？

(3)从 1 号同学开始，先顺时针传 156 次，然后从那个同学开始逆时针传 143 次，再顺时针传 107 次，最后手绢在谁手中？

**解析** (1)因为一圈有 12 个同学，所以传一圈还回到原来同学手中. 现在，从 1 号开始，顺时针传 100 次，我们先用除法求传了几圈、还余几次. $100\div12=8$(圈)…4(次). 从 1 号同学顺时针传 4 次正好传到 5 号同学手中.

(2)与第(1)小题的道理一样，先做除法. $100\div12=8$(圈)…4(次)，这 4 次是逆时针传，正好传到 9 号同学手中(如右图).

(3)先顺时针传 156 次，然后逆时针传 143 次，相当于顺时针传 $156-143=13$(次)；再顺时针传 107 次，与 13 次合并，相当于顺时针传 $13+107=120$(次)，$120\div12=10$(圈)，手绢又回到 1 号同学手中.

[**举一反三**]

8 个队员围成一圈做传球游戏，从 1 号开始，按顺时针方向向下一个人传球. 在传球的同时，按顺序报数. 当报到 72 时，球在几号队员手上？

**解析** 将 8 名队员看作一组，每组报 8 个数，72 个数可以分成 $72\div8=9$(组)，没有余数，球正好在一组的最后一位队员手中，因此球应该在 8 号队员手上.

[**拓展练习**]

如右图，电子跳蚤每跳一步，可从一个圆圈跳到相邻的圆圈. 现在，一只红跳蚤从标有数字 0 的圆圈按顺时针方向跳了 1 991 步，落在一个圆圈里. 一只黑跳蚤也从标有数字 0 的圆圈起跳，但它是沿着逆时针方向跳了 1 949 步，落在另一个圆圈里. 问：这两个圆圈里数字的乘积是多少？

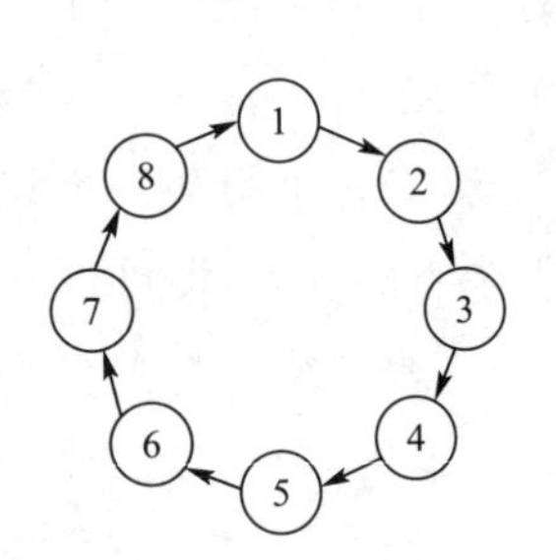


**解析** 解答此类问题时，只要能发现旋转周期现象，并充分加以

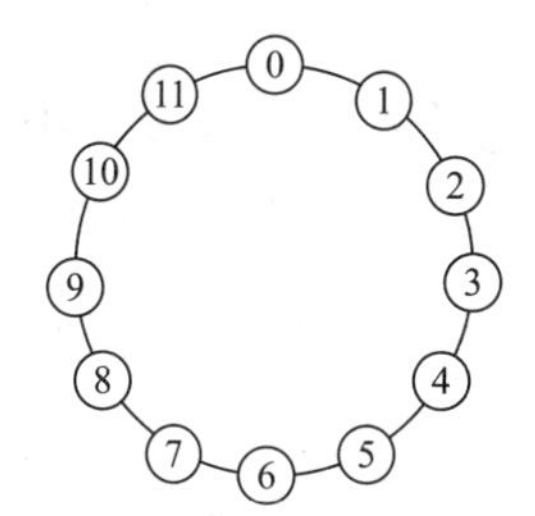


利用,就能较快找到解题的关键.本题中,不难看出这是一个与周期性有关的问题,电子跳蚤每跳 12 步就回到了原来的位置,如此循环,周期为 12.

因为 1 991÷12=165…11,所以,红跳蚤跳了 1 991 步后落到了标有数字 11 的圆圈.

因为 1 949÷12=162…5,所以,黑跳蚤跳了 1 949 步后落到了标有数字 7 的圆圈.

所求的乘积是 11×7=77.

**【例 7】** 甲、乙两人对一根 3 米长的木棍涂色.首先,甲从木棍的端点开始涂黑色 5 厘米,间隔 5 厘米不涂色,再涂 5 厘米黑色,这样交替做到底.然后,乙从木棍同一端点开始留出 6 厘米不涂色,然后涂 6 厘米黑色,再间隔 6 厘米不涂色,交替做到底,最后木棍上没有被涂黑色部分的总长度是多少?

**解析** 此题最好画图为同学们示意:在前 30 厘米内未被涂黑的是:1,3,5,在 31~60 厘米内的是:4,2,因此 60 厘米一个周期:(1+3+5+4+2)×300÷60=75(厘米).

**[举一反三]**

紧接着 1 989 后面写一串数字,写下的每一个数字都是它前面两个数字的乘积的个位数.例如,8×9=72,在 9 后面写 2,9×2=18,在 2 后面写 8……得到一串数字 19 892 868…,问:这串数字从 1 开始,往右数,第 1 999 个数字是几?这 1 999 个数字的和是多少?

**解析** 根据题意,写出这列数的前面部分数字:19 892 868 842 868 842……“286 884”这 6 个数字重复出现,周期是 6.

因为(1 999-4)÷6=332…3,所以,第 1 999 个数字是 6.

这 1 999 个数字的和是:

(1+9+8+9)+(2+8+6+8+8+4)×332+(2+8+6)=27+11 952+16=11 995

**[拓展练习]**

如右图,把 1~8 八个号码摆成一个圆圈,现有一个小球,第一天从 1 号开始按顺时针方向前进 329 个位置,第二天接着按逆时针方向前进 485 个位置,第三天又顺时针前进 329 个位置,第四天再逆时针前进 485 个位置……如此继续下去,问至少经过几天,小球又回到原来的 1 号位置?

**解析** 根据题意,小球按顺时针、逆时针、顺时针、逆时针……两天一个周期循环变换方向.每一个周期中,小球实际上是按逆时针方向前进 485-329=156(个)位置.156÷8=19…4,就是说,每个周期(2 天)中,小球是逆旋转了 19 周后再逆时针前进 4 个位置.要使小球回到原来的 1 号位,至少应逆时针前进 8 个位置.8÷4=2(个)周期,2×2=4(天),所以至少要用 4 天,小球才又回到原来 1 号位置.

【例 8】 右图中,任意三个连续的小圆圈内三个数的连乘积都是 891,那么 B 代表多少?

**解析** 根据"任意三个连续的小圆圈内三个数的连乘积都是 891",可知任意一个小圆圈中的数和与它相隔 2 个小圆圈的小圆圈中的数是相同的.

于是:B=891÷(9×9)=11.



[**举一反三**]

课外活动时,甲、乙、丙、丁四人排成一个圆圈依次报数.甲报 1,乙报 2,丙报 3,丁报 4,这样每人报的数总比前一个人多 1.问 34 是谁报的? 71 是谁报的?

**解析** 根据题意,甲从 1 开始报数,一共报了 34 次.因为是 4 个人在报数,所以报 4 次就要重复一遍,也就是说是以 4 为一个周期重复的.34 里面有 8 个周期还余 2 次,所以 34 应是重复 8 遍以后第二个人报的,即乙报的.71÷4=17…3,所以 71 应是第三个人报的,即丙报的.

[**拓展练习**]

实验室里有一只特别的钟,一圈共有 20 个格.每过 7 分钟,指针跳一次,每跳一次就要跳过 9 个格,今天早晨 8 点整的时候,指针恰好从 0 跳到 9,问:昨天晚上 8 点整的时候指针指着几?

**解析** 昨晚 8 点至今早 8 点,共经历 60×12=720(分钟),720÷7=102…6,说明从今早 8 点整起,7 分钟,7 分钟…往回数,昨晚 8 点后,第 1 次指针跳是 8 点 6 分,直到今早 7 点 53 分,指针正好跳到"0"位,指针共跳了 102 次.

由于每次跳 9 格,所以共跳了 9×102=918(格).每 20 格一圈,918÷20=45…18,因此从"0"位开始,往回倒 45 圈,还要倒回 18 格,正是昨晚 8 点时指针所指处:20−18=2,因此昨晚 8 点整时指针正指着 2.

【例 9】 有一个 111 位数,各位数字都是 1,这个数除以 6,余数是几? 商的末位数字是几?

**解析** 我们可以用列表的方法寻求周期.

| 被除数中 1 的个数 | 1 | 2 | 3 | 4 | 5 | 6 | 7 | … |
|---|---|---|---|---|---|---|---|---|
| 除以 6 后余数的末位数字 | 1 | 5 | 3 | 1 | 5 | 3 | 1 | … |
| 除以 6 后商的末位数字 | 0 | 1 | 8 | 5 | 1 | 8 | 5 | … |

通过表格我们可以发现,余数出现的周期为 3(1,5,3);第 1 个 1 上相对应的商为 0,从第二个"1"开始,商的末位数字的周期为 3(1,8,5).

因为 111÷3=37,所以这个数除以 6 后余数的末位数字是 3;

因为(111−1)÷3=36…2,所以这个数除以 6 后商的末位数字是 8.

[**举一反三**]

有一个 1 111 位数,各位数字都是 1,这个数除以 6,余数是几? 商的末位数字是几?

**解析** 余数出现的周期为 3(1,5,3);第 1 个 1 上相对应的商为 0,从第二个 1 开始,商的末位数字的周期为 3(1,8,5),因为 1 111÷3=370…1,所以这个数除以 6 后余数的末位数字是 1;因为(1 111−1)÷3=370,所以这个数除以 6 后商的末尾数字是 5.

[拓展练习]

有 $A$、$B$、$C$ 三个蜂鸣器，每次持续鸣叫的时间比例是 3∶4∶5. 每个蜂鸣器每次鸣叫完后停 8 秒又开始鸣叫. 最初三个蜂鸣器同时开始鸣叫，14 分钟后第二次同时开始鸣叫，此时 $B$ 蜂鸣器已是第 43 次鸣叫了. 问：最初同时开始鸣叫后的多少秒 $A$ 与 $C$ 第一次同时结束鸣叫？

**解析** 14 分钟即 $14\times60=840$(秒)，根据题意可知在 840 秒内 $B$ 蜂鸣器已经鸣叫了 42 次，也停了 42 次，那么 $B$ 蜂鸣器每一次鸣叫加停止的时间为 $840\div42=20$(秒)，所以 $B$ 蜂鸣器每次鸣叫持续的时间为：$20-8=12$(秒)，那么 $A$ 蜂鸣器每次鸣叫持续 9 秒，$C$ 蜂鸣器每次鸣叫持续 15 秒，则 $A$、$C$ 两个蜂鸣器每次鸣叫加停止的时间分别为 $9+8=17$(秒)和 $15+8=23$(秒). 由于 $17\times23=391$，所以经过 391 秒之后 $A$ 与 $C$ 要第二次同时开始鸣叫，由于在此时 $A$ 与 $C$ 都停止鸣叫了 8 秒，所以 $A$ 与 $C$ 第一次同时结束鸣叫是在最初开始鸣叫之后的第 $391-8=383$(秒).

**【例 10】** 求 $28^{128}-29^{29}$ 的个位数字.

**解析** 由 $128\div4=32$ 知，$28^{128}$ 的个位数与 $8^4$ 的个位数相同，等于 6. 由 $29\div2=14\cdots1$ 知，$29^{29}$ 的个位数与 $9^1$ 的个位数相同，等于 9. 因为 $6<9$，在减法中需向十位借位，所以所求个位数字为 $16-9=7$.

[举一反三]

算式 $(367^{367}+762^{762})\times123^{123}$ 的得数的尾数是几？

**解析** 这是一道很经典的题目，分别找规律，我们只看个位数就够了.

7：7，9，3，1，…，367/4=91…3，个位数是 3；

2：2，4，8，6，…，762/4=190…2，个位数是 4 ；

3：3，9，7，1，…，123/4=30…3，个位数是 7.

因此个位数：$(3+4)\times7=49$，所以得数的尾数是 9.

[拓展练习]

求算式 $189^{201}-201^{189}$ 的个位数字.

**解析** 9：9，1……，201/2=100…1，个位数是 9；

1：1……，个位数是 1；

因此个位数：$9-1=8$.

## 板块三 日期中的周期问题

**【例 11】** 公历 1978 年 1 月 1 日是星期日，公历 2000 年 1 月 1 日是星期几？

**解析** 每四年有一个闰年，闰年的年份被 4 整除，所以从 1978 年至 1999 年共有 17 个平年，5 个闰年，由此可以算出总天数，用总天数除以 7，余 1 是星期一，余 2 是星期二，依此类推.

$365\times17+366\times5=8\ 035$(天),$8\ 035\div7=1\ 147$(星期)…6(天),所以,公历 2000 年 1 月 1 日是星期六.

[**举一反三**]

1999 年的元旦是星期五,那么据此你知道 2005 年的元旦是星期几吗?

**解析** 2000 年、2004 年是闰年,2001 年、2002 年、2003 年、2005 年是平年,一共度过了:$365\times6+2=2\ 192$(天),$2\ 192\div7=313$…1,所以 2005 年的元旦是星期六.

[**拓展练习**]

小童的生日是 6 月 27 日,这一年的 6 月 1 日是星期六,小童的生日是星期几呢?

**解析** 每个星期有 7 天,就是以 7 天为一个周期不断地重复. 6 月 1 日是星期六,那么再过 7 天,即 6 月 8 日,还是星期六;如果再过 14 天,即 6 月 15 日,还是星期六,所以要知道 6 月 27 日是星期几,首先要求出 6 月 27 日是 6 月 1 日后的第几天,$27-1=26$(天);因为每个星期都是 7 天,也就是周期为 7,所以 $26\div7=3$(星期)…5(天). 这样,从 6 月 1 日开始经过 3 个星期,最后一天是星期六,从这最后一天再过 5 天就是星期四.

**【例 12】** 小区里的李奶奶腿脚不方便,方方、圆圆、长长三名同学做好事,每天早晨轮流为李奶奶取牛奶. 方方第一次取奶是星期一,那么,他第 100 次取奶是星期几?

**解析** 21 天内,每人取奶 7 次,方方第 8 次取奶又是星期一,即每取 7 次奶为一个周期. $100\div7=14$…2,所以方方第 100 次取奶是星期四.

[**举一反三**]

甲、乙、丙、丁四位医生依次每天轮流到农村卫生所义诊. 甲第 30 次义诊是星期三,那么当丙首次在周日义诊时,丁医生已经下乡义诊几次了?

**解析** 甲第 30 次义诊是在总次数的第 $4\times29+1=117$(次),$117\div7=16$…5,从周三往前数 5 天,由周期性知甲第一次义诊时间是在星期六,甲前 7 次义诊分别是星期六、三、日、四、一、五、二. 丙在周日义诊是甲周五义诊之后的两天,所以那是丙第 6 次去义诊. 由于丁在丙后一天义诊,所以他已经去过 5 次.

[**拓展练习**]

下面是 2002 年 5 月日历表. (1)该月 8 号是星期几? (2)该年 6 月 1 日是星期几? 该年 10 月 1 日是星期几? (3)2004 年 5 月 1 日是星期几?

| 日 | 一 | 二 | 三 | 四 | 五 | 六 |
|---|---|---|---|---|---|---|
| | | | 1 | 2 | 3 | 4 |
| 5 | 6 | 7 | 8 | 9 | 10 | 11 |
| 12 | 13 | 14 | 15 | 16 | 17 | 18 |
| 19 | 20 | 21 | 22 | 23 | 24 | 25 |
| 26 | 27 | 28 | 29 | 30 | 31 | |

**解析** 一个星期有 7 天,因此 7 天为一个周期. 从日历表中我们可以看出 1 号~7 号是一

个周期,1 号是第一个循环的第一天,7 号是第一个循环的最后一天,8 号是第二个循环的第一天. 计算天数时为了方便,我们可以采取“算头不算尾”或“算尾不算头”的方法. 在算该年 6 月 1 日、10 月 1 日和 2004 年 5 月 1 日是星期几时,要注意应准确地算出各是经过了多少天,这其中不要忘记 2004 年是闰年,共有 366 天.

(1)该月的 8 号是星期三.

(2)从 5 月 1 日到 5 月 31 日共 31 天,$31\div7=4\cdots3$,所以 6 月 1 日是星期六. 从 5 月 1 日到 9 月 30 日共 153 天. $153\div7=21\cdots3$,所以 10 月 1 日是星期二.

(3)从 2002 年的 5 月 1 日到 2004 年的 4 月 30 日共 731 天. $731\div7=104\cdots3$,所以 2004 年 5 月 1 日是星期六.

**【例 13】** 在某个月中刚好有 3 个星期天的日期是偶数(双数),则这个月的 5 日是星期几?

**解析** 一个星期有 7 天,注意 7 是奇数(单数),所以任意两个相继星期天的日数奇偶性不同. 于是在每个月从 1 日到 28 日这 28 天中,有 $28\div7=4$ 个星期天,且其中有两个星期天的日期是偶数,从而题中第 3 个日期为偶数的星期天必为 30 日. 由此可以推知,这个月的第 1 个星期天是 $30-4\times7=2$(日),那么,5 日为星期三,如下所示.

| 日 | 一 | 二 | 三 | 四 | 五 | 六 |
|---|---|---|---|---|---|---|
| 2 | 3 | 4 | 5 | 6 | 7 | 8 |
| 9 | 10 | 11 | 12 | 13 | 14 | 15 |
| 16 | 17 | 18 | 19 | 20 | 21 | 22 |
| 23 | 24 | 25 | 26 | 27 | 28 | 29 |
| 30 | | | | | | |

所以这个月的 5 日是星期三.

[**举一反三**]

已知某月中,星期二的天数比星期三的天数多,而星期一的天数比星期日的天数多,那么这个月的 5 号是星期几?

**解析** 这道题表面看无从下手. 实际上本题暗藏着一个重要条件:在一个月内,无论是星期几,它的天数只能是 4 或 5,根据这个知识点,就可知道本月星期一、二都是 5 天,星期三、日都是 4 天,用列表法可以得到答案,如下所示.

| 日 | 一 | 二 | 三 | 四 | 五 | 六 |
|---|---|---|---|---|---|---|
| | 1 | 2 | 3 | 4 | 5 | 6 |
| 7 | 8 | 9 | 10 | 11 | 12 | 13 |
| 14 | 15 | 16 | 17 | 18 | 19 | 20 |
| 21 | 22 | 23 | 24 | 25 | 26 | 27 |
| 28 | 29 | 30 | | | | |

所以这个月的 5 号是星期五.

[**拓展练习**]

一个月最多有5个星期日，在一年的12个月中，有5个星期日的月份最多有几个月？

**解析** 1月1日是星期日，全年就有53个星期日.每月至少有4个星期日，53－4×12＝5，多出5个星期日，在5个月中.即最多有5个月有5个星期日.

1.1999年的“六一儿童节”是星期二，请你写出2000年的“六一儿童节”是星期几.

2.100个3相乘，积的个位数字是几？

3. 将3/14化成循环小数，小数点后第2 000位上的数字是什么？

4. 下面是一个11位数字，每3个相邻数字之和都是17，从左数起第一个数字是8，最后的数字是6，那么第五个表示的数字是什么？

5. 有249朵花，按5朵红花、9朵黄花、13朵绿花的顺序轮流排列，最后一朵是什么颜色的花？这249朵花中，红花、黄花、绿花各有多少朵？

6. 小红买了一本童话书，每2页文字之间有3页插图.如果这本书有128页，而第一页是文字，这本童话书共有多少页插图？

7. 将奇数如下图所示排列，各列分别用A、B、C、D、E作为代表，问2001所在的列以哪个字母作为代表？

| A | B | C | D | E |
|---|---|---|---|---|
| | 1 | 3 | 5 | 7 |
| 15 | 13 | 11 | 9 | |
| | 17 | 19 | 21 | 23 |
| 31 | 29 | 27 | 25 | |
| | … | … | … | … |
| … | … | … | … | |

8. 用1、2、3、4这四张卡片可以组成不同的四位数，如果把它们从小到大依次排列出来，第1个是1 234，第2个是1 243，第15个是多少？

9. 将分母为15的最简假分数由小到大依次排列，问第99个假分数的分子是多少？

10. 有一个注入1 999升水的容器A和一个与A大小相同的空着的容器B.先将A中的水的1/2倒入B，然后将容器B中的水的1/3倒入A，再将A中的水的1/4倒入B……如此继续下去，试问，倒了1 999次以后，B中有多少升水？

11. 张医生定期去甲、乙、丙三位病人家巡诊.按计划他每三天(中间空两天)去甲家一次，每四天(中间空三天)去乙家一次，每六天(中间空五天)去丙家一次.4月30号那天，连续去了甲、乙、丙三位病人家，那么从5月1日到12月31日，张医生应该去巡诊的天数是多少天？

12.500位同学站成一排，从左到右“1、2、3”报数，凡报到1和2的离队，报3的留下，向左看齐后，再重复同样的报数过程.如此进行若干次后，只剩下两位同学了，这两位同学在开始的队伍中，位于从左到右的第几个？

13. 龙龙买了 100 瓶汽水，每 4 个空瓶可以换 1 瓶汽水，龙龙共能喝到几瓶汽水？

14. 一列数，第一个是 0，第二个是 1，从第二个数开始，每个数的三倍是它两边两个数之和.

(1)第 2 008 个数是奇数还是偶数？

(2)第 2 008 个数除以 3 的余数是几？

## 教学策略

周期问题在生活中很常见，但是让学生进行抽象规律的总结的确存在困难. 哪怕就是在身边很熟悉的环境中，进行周期问题的探究学习，也是需要一个由浅入深、直观而深入、感性而理性的逐渐深化的过程. 就拿每周七天的周期问题来说，我们不能动辄以几十天、上百天的时间总长度去做周期分段，而应从八天、十天等短时间段去做周期分段，这样学生可以避免陷入太大跨度而迷惑的误区. 尊重此时的学生学习心理，尊重此时学生学习的能力规律，尽量进行浅显化、直观化周期问题情境设计，对他们的自主探究是很有帮助的.

周期问题中，也存在一个验算证明的过程. 那就是运用算式计算方法与画一画方法之间的相互验算证明. 所以，应在学生们得出两种解决问题的方法时，引导他们进行比较研究，进行验算. 这样，他们自己得出的抽象认识，可以得到及时的直观论证，可使他们更加信服自己的能力，增强信心，更重要的是在内心深处开始主动地接受了这种原本抽象的周期问题. 之后，对于这样的问题，他们就可以自信大胆地运用计算方法了.

# 第三讲　年龄问题

## 课题解析

年龄问题是日常生活中一种常见的问题.例如:已知两个人或若干人的年龄,求他们年龄之间的某种数量关系.要正确解答这类题,首先要明白:两个不同年龄的人,年龄之差始终不变,所以,要抓住“年龄差不变”这个特点,运用“和差”“差倍”等知识来分析解答有关年龄方面的问题.

## 核心提示

**1. 年龄问题的特点**

(1)将差为一定值的两个数作为题中的一个条件;

(2)两个人的年龄差不变(定差);

(3)两个或两个以上的人的年龄,一定减少(或增加)同一个自然数;

(4)定差两量,随着时间年份的变化,倍数关系也发生变化.

(5)每人每年增长 1 岁.

**2. 年龄问题的三条规律**

(1)无论是哪一年,两人的年龄差总是不变的.

(2)随着时间的变化,几个人的年龄总减少或增加相等的数量.

(3)随着时间的变化,两人年龄之间的倍数也会发生变化.

## 例题精讲

**【例 1】** 三年前爸爸年龄是女儿的 4 倍,爸爸今年 43 岁,女儿今年几岁?

**解析**　由题意可知爸爸今年 43 岁,则三年前爸爸的年龄是 $43-3=40$(岁),40 岁时正好是女儿的 4 倍,女儿三年前的年龄是 $40\div4=10$(岁),今年女儿的年龄是 $10+3=13$(岁).

方法 1(算数法):

$$43-3=40(岁)$$
$$40\div4=10(岁)$$
$$10+3=13(岁)$$

综合算式：$(43-3)\div4+3=13$(岁)

方法 2(方程法)：

设女儿今年 $x$ 岁，则

$$4(x-3)=43-3$$
$$x=13$$

答：女儿今年 13 岁.

［**举一反三**］

女儿今年 3 岁，妈妈今年 33 岁，几年后，妈妈的年龄是女儿的 7 倍？

**解析**　女儿今年 3 岁，妈妈今年 33 岁，她们的年龄差是 $33-3=30$(岁)，她们的年龄差不变，几年后，妈妈年龄是女儿的 7 倍，把女儿年龄看成一份，妈妈的年龄就有 7 份，她们相差$7-1=6$(份)，6 份的女儿年龄即 30 岁，所以几年后女儿的年龄应是 $30\div6=5$(岁)，那也就是在 $5-3=2$(年)后.

方法 1(算数法)：

$$33-3=30(岁)$$
$$7-1=6(份)$$
$$30\div6=5(岁)$$
$$5-3=2(年)$$

综合算式：$(33-3)\div(7-1)-3=2$(年)

方法 2(方程法)：

设 $x$ 年后，妈妈的年龄是女儿的 7 倍，则

$$7(x+3)=33+x$$
$$x=2$$

答：2 年后，妈妈的年龄是女儿的 7 倍.

［**拓展练习**］

兄弟二人的年龄相差 5 岁，兄 3 年后的年龄为弟 4 年前的 3 倍. 问：兄、弟二人今年各多少岁？

**解析**　根据题意，作示意图如下：

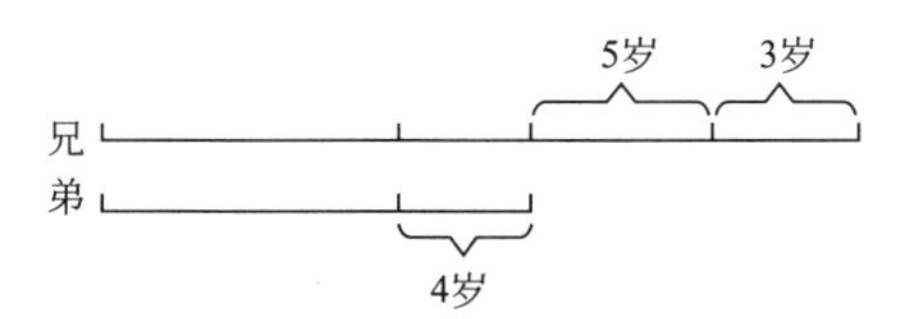

由上图可以看出，兄3年后的年龄比弟4年前的年龄大$5+3+4=12$(岁)，由“差倍问题”解得，弟4年前的年龄为$(5+3+4)\div(3-1)=6$(岁).由此得到弟今年$6+4=10$(岁)，兄今年$10+5=15$(岁).

$$5+3+4=12(岁)$$
$$12\div(3-1)=6(岁)$$

弟：$6+4=10$(岁)

兄：$10+5=15$(岁)

综合算式：

弟：$(5+3+4)\div(3-1)+4=10$(岁)

兄：$10+5=15$(岁)

答：兄15岁，弟10岁.

**【例2】** 4年前，妈妈的年龄是女儿的3倍，4年后，母女年龄和是56岁，妈妈今年多少岁？

**解析** 4年后，母女的年龄和是56岁，可求出今年母女年龄和是$56-4\times2=48$(岁)，四年前母女年龄和是$48-4\times2=40$(岁)，又根据四年前妈妈的年龄是女儿的3倍，把女儿看成一份，妈妈的年龄就有这样的3份，共有$3+1=4$(份)，4份四年前女儿的年龄是40岁，所以四年前女儿的年龄是$40\div4=10$(岁)，那么妈妈今年的年龄是$10\times3+4=34$(岁).

方法1(算数法)：

$$56-4\times2=48(岁)$$
$$48-4\times2=40(岁)$$
$$3+1=4(份)$$
$$40\div4=10(岁)$$
$$10\times3+4=34(岁)$$

综合算式：$(56-4\times2-4\times2)\div(3+1)=10$(岁)

$$10\times3+4=34(岁)$$

方法2(方程法)：

设妈妈今年$x$岁，女儿今年$(56-4\times2-x)$岁.

$$x-4=3(56-4\times2-x-4)$$
$$x=34$$

答：妈妈今年34岁.

[**举一反三**]

明明今年12岁，强强今年7岁，当两人年龄和是45岁时，两人各几岁？

**解析** 明明和强强的年龄差为$12-7=5$(岁)，这是一个不变的量，当两人年龄和是45岁时，明明比强强还大5岁，如果从两人的年龄和45岁里减去两人的年龄差5岁，得到的就是两个强强的年龄，是 $45-5=40$(岁)，所以强强的年龄是 $40\div 2=20$(岁)，明明的年龄是 $45-20=25$(岁).

方法 1(算数法)：

$12-7=5$(岁)

$45-5=40$(岁)

$40\div 2=20$(岁)……强强的年龄

$45-20=25$(岁)……明明的年龄

综合算式：$45-\{[45-(12-7)]\div 2\}=25$(岁)

方法 2(方程法)：

设再过 $x$ 年两人年龄和为 45 岁，则

$12+x+7+x=45$

$x=13$

$12+13=25$(岁)……明明的年龄

$7+13=20$(岁)……强强的年龄

答：明明的年龄是 25 岁，强强的年龄是 20 岁.

[**拓展练习**]

今年小红的年龄是小梅的 5 倍，3 年后小红的年龄是小梅的 2 倍，小梅、小红今年各几岁？

**解析**　3 年后，小红和小梅各长 3 岁，假如小红年龄还是小梅的 5 倍，小红要增长 $5\times 3=15$(岁)，但只长了 3 岁，少 12 岁，就少了 $5-2=3$ 倍，所以 3 年后小梅是 $12\div 3=4$(岁)，今年是 $4-3=1$(岁)，小红今年为 $1\times 5=5$(岁).

方法 1(算数法)：

$5\times 3=15$(岁)

$15-3=12$(岁)

$5-2=3$(倍)

$12\div 3=4$(岁)

$4-3=1$(岁)……小梅的年龄

$1\times 5=5$(岁)……小红的年龄

综合算式：$(5\times 3-3)\div(5-2)-3=1$(岁)……小梅的年龄

$1\times 5=5$(岁)……小红的年龄

方法 2(方程法)：

设小梅今年 $x$ 岁，小红今年 $5x$ 岁，则

$2(x+3)=5x+3$

$x=1$

$1\times 5=5$(岁)

答:小梅今年 1 岁,小红今年 5 岁.

【例 3】 今年兄弟二人年龄之和为 55 岁,哥哥某一年的岁数与弟弟今年的岁数相同,那一年哥哥的岁数恰好是弟弟岁数的 2 倍,请问哥哥今年多少岁?

**解析** 在哥哥的岁数是弟弟的岁数 2 倍的那一年,若把弟弟岁数看成一份,那么哥哥的岁数比弟弟多一份,哥哥与弟弟的年龄差是 1 份. 又因为那一年哥哥岁数与今年弟弟岁数相等,所以今年弟弟岁数为 2 份,今年哥哥岁数为 $2+1=3$(份)

由"和倍问题"解得,哥哥今年的岁数为

$$55\div(3+2)\times3=33(\text{岁})$$

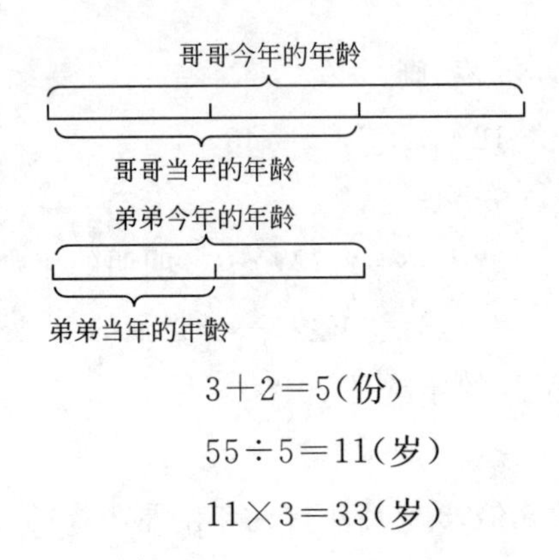


$$3+2=5(\text{份})$$

$$55\div5=11(\text{岁})$$

$$11\times3=33(\text{岁})$$

综合算式:$55\div(3+2)\times3=33$(岁)

答:哥哥今年 33 岁.

[**举一反三**]

1994 年父亲的年龄是哥哥和弟弟年龄之和的 4 倍. 2000 年,父亲的年龄是哥哥和弟弟年龄之和的 2 倍. 问:父亲出生在哪一年?

**解析** 如果用 1 段线表示兄弟二人 1994 年的年龄和,则父亲 1994 年的年龄要用 4 段线来表示(见下图).

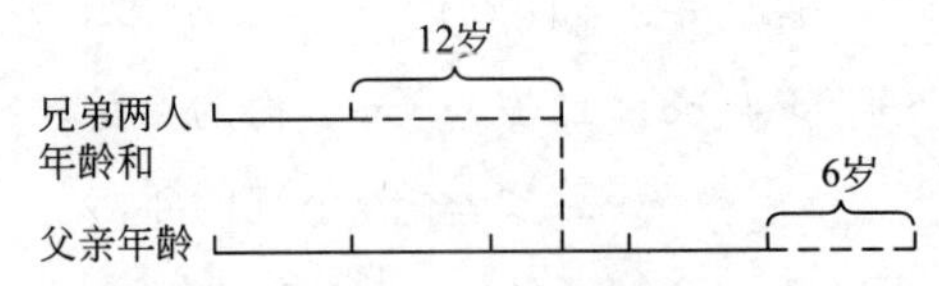


父亲在 2000 年的年龄应是 4 段线再加 6 岁,而兄弟二人在 2000 年的年龄之和是 1 段线再加 $2\times6=12$(岁),它是父亲年龄的一半,也就是 2 段线再加 3 岁. 由

$$1\text{ 段}+12\text{ 岁}=2\text{ 段}+3\text{ 岁},$$

推知 1 段是 9 岁. 所以父亲 1994 年的年龄是 $9\times4=36$(岁),他出生于

$$1994-36=1958(\text{年}).$$

设一段年龄是 $x$ 岁,则

$$x+12=2x+3$$

$$x=9$$

$$9\times4=36(岁)$$

$$1994-36=1958(年)$$

答:父亲出生在 1958 年.

[**拓展练习**]

爸爸今年 45 岁,他有三个儿子,大儿子 15 岁,二儿子 11 岁,三儿子 7 岁,要过多少年爸爸的岁数等于他三个儿子岁数的和?

**解析**　三个儿子现在一共是 $15+11+7=33$(岁),这时他们三人的年龄和比父亲少 $45-33=12$(岁),但每过一年,三个儿子的年龄和要加 3 岁,而父亲只加一岁,所以要再过 $12\div(3-1)=6$(年),爸爸的岁数等于他三个儿子岁数的和.

方法 1(算数法):

$$15+11+7=33(岁)$$

$$45-33=12(岁)$$

$$12\div(3-1)=6(年)$$

综合算式:$[45-(15+11+7)]\div(3-1)=6$(年)

方法 2(方程法):

设再有 $x$ 年,则

$$45+x=11+x+15+x+7+x$$

$$x=6$$

答:要过 6 年爸爸的岁数等于他三个儿子岁数的和.

**【例 4】**　小樱一家由小樱和她父母组成,小樱的父亲比母亲大 3 岁.今年全家人年龄总和是 71 岁,八年前这个家的年龄总和是 49 岁,今年三人各几岁?

**解析**　已知八年前这个家的年龄总和是 49 岁,这个条件中 8 年与 49 岁看上去有一个是多余的,有的同学可能误认为 8 年前这个家的年龄总和应该是 $71-(1+1+1)\times8=47$(岁),但这与题中所给的条件 49 岁不一致,为什么呢?这说明 8 年前小樱还没出生.由相差的 2 岁,可求出小樱今年是 $8-2=6$(岁),今年父母的年龄和为 $71-6=65$(岁).又已知小樱的父亲比母亲大 3 岁,可算出父亲 34 岁,母亲 31 岁.

方法 1(算数法):

$$71-(1+1+1)\times8=47(岁)$$

$$49-47=2$$

$8-2=6$(岁)……小樱的岁数

$$71-6=65(岁)$$

$(65+3)\div2=34$(岁)……父亲的岁数

(65－3)÷2＝31(岁)……母亲的岁数

综合算式：71－(1＋1＋1)×8＝47(岁)

71－[8－(49－47)]＝65(岁)

(65＋3)÷2＝34(岁)……父亲的岁数

(65－3)÷2＝31(岁)……母亲的岁数

方法 2(方程法)：

71－(1＋1＋1)×8＝47(岁)

49－47＝2

8－2＝6(岁)……小樱的岁数

设母亲 $x$ 岁，父亲($x$＋3)岁，则

$6+x+x+3=71$

$x=31$

31＋3＝34(岁)

答：小樱 6 岁，母亲 31 岁，父亲 34 岁.

[**举一反三**]

爸爸、妈妈今年的年龄和是 82 岁. 5 年后爸爸比妈妈大 6 岁. 今年爸爸、妈妈两人各多少岁？

**解析** 5 年后，爸爸比妈妈大 6 岁，即爸爸、妈妈的年龄差是 6 岁，它是一个不变量. 因此，爸爸、妈妈现在的年龄差仍然是 6 岁. 这样原问题就归结为“已知爸爸、妈妈的年龄和是 82 岁，他们的年龄差是 6 岁，求两人各是几岁”的和差问题.

爸爸的年龄：(82＋6)÷2＝44(岁)

妈妈的年龄：44－6＝38(岁)

答：爸爸的年龄是 44 岁，妈妈的年龄是 38 岁.

[**拓展练习**]

小红今年 7 岁，妈妈今年 35 岁. 小红几岁时，妈妈的年龄正好是小红的 3 倍？

**解析** 无论小红多少岁时，妈妈的年龄都比小红大(35－7)岁. 所以当妈妈的年龄是小红的 3 倍时，也就是妈妈年龄比小红大(3－1)倍时，妈妈仍比小红大(35－7)岁，这个差是不变的. 由这个(35－7)岁的差和对应的这个(3－1)倍，就可以算出小红的年龄，即差倍问题中的差÷(倍数－1)＝较小数.

妈妈现在比小红大的岁数：35－7＝28(岁)

妈妈年龄是小红的 3 倍时，比小红大的倍数：3－1＝2(倍)

妈妈年龄是小红的 3 倍时，小红的年龄：28÷2＝14(岁)

答：小红 14 岁时，妈妈年龄正好是小红的 3 倍.

**【例 5】** 6 年前，母亲的年龄是儿子的 5 倍. 6 年后母子年龄和是 78 岁. 问：母亲今年多

少岁？

**解析**　6 年后母子年龄和是 78 岁，可以求出母子今年年龄和是 $78-6\times2=66$(岁).6 年前母子年龄和是 $66-6\times2=54$(岁).又根据 6 年前母子年龄和与母亲年龄是儿子的 5 倍，可以求出 6 年前母亲年龄，再求出母亲今年的年龄.

母子今年年龄和：$78-6\times2=66$(岁)

母子 6 年前年龄和：$66-6\times2=54$(岁)

母亲 6 年前的年龄：$54\div(5+1)\times5=45$(岁)

母亲今年的年龄：$45+6=51$(岁)

答：母亲今年是 51 岁.

[**举一反三**]

小强今年 13 岁，小军今年 9 岁.当两人的年龄和是 40 岁时，两个各是多少岁？

**解析**　小强和小军的年龄差为 $13-9=4$(岁)，这是一个不变量.当两人的年龄和 40 岁里减去一个两人的年龄差(4 岁)，这是一个不变量.当两人的年龄和是 40 岁时，小强比小军还是大 4 岁.

如果从两人的年龄和 40 岁里减去一个两人的年龄差(4 岁)，得到的就是两个小军的年龄，由此可求出小军的年龄.再由小军的年龄求出小强的年龄.

方法 1：

小强比小军大的年龄：$13-9=4$(岁)

当两人的年龄和是 40 岁时，小军年龄的 2 倍是

$$40-4=36(岁)$$

当两人的年龄和是 40 岁时，小军的年龄是

$$36\div2=18(岁)$$

小强的年龄是

$$40-18=22(岁)$$

方法 2：

如果给两人的年龄和 40 岁再加上两人的年龄差 4 岁，将得到小强年龄的 2 倍，由此可以求出小强的年龄以及小军的年龄.

小强和小军的年龄差：$13-9=4$(岁)

小强年龄的 2 倍：$40+4=44$(岁)

当两人的年龄是 40 岁时，小强的年龄：$44\div2=22$(岁)

当两人的年龄和是 40 岁时，小军的年龄：$40-22=18$(岁)

答：小强、小军的年龄分别是 22 岁、18 岁.

[**拓展练习**]

甲、乙两人的年龄和正好是 100 岁.当甲像乙现在这样大时，乙的年龄正好是甲年龄的一

半.甲、乙两人今年各多少岁?

**解析** 由“乙的年龄正好是甲年龄的一半”可知:甲、乙两人的年龄如下图所示:

再结合“当甲像乙现在这样大时,乙的年龄正好是甲年龄的一半”可推出,甲的年龄要和乙现在的年龄相等,甲要减少几岁,乙要增加相同的岁数,且这个年龄相当于乙的1倍,这样甲、乙两人的年龄关系如下图所示.

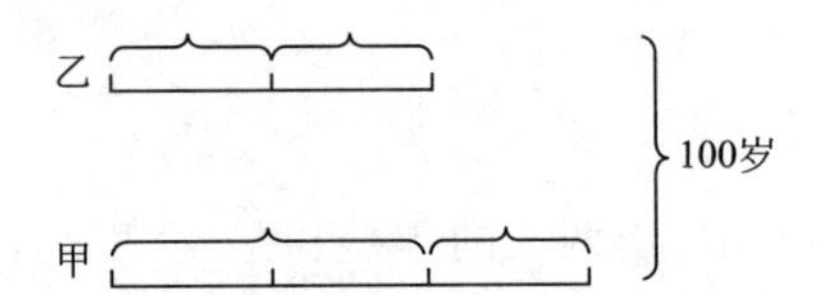


从上图可以看出:现在乙的年龄如果有2份,甲的年龄就有这样的3份,甲、乙两人的年龄共有2+2+1=5(份).5份对应着两人的年龄和100岁.这样就很容易求出甲、乙两人各自的年龄.

甲、乙两人年龄的份数和:2+2+1=5(份)

每份:100÷5=20(岁)

乙的年龄:20×2=40(岁)

甲的年龄:20×(2+1)=60(岁)

综合算式:100÷(2+2+1)×2=40(岁)

100÷(2+2+1)×(2+1)=60(岁)

答:甲今年60岁,乙今年40岁.

## 练习题

1. 小东今年13岁,小浩今年8岁.3年后小东比小浩大几岁?

2. 哥哥和弟弟两人的年龄和是36岁.3年后,哥哥比弟弟大4岁.问哥哥、弟弟两人各多少岁?

3. 小军今年8岁,爸爸今年38岁,那么几年后,爸爸的年龄是小军的3倍?

4. 5年前小芳的年龄是小英年龄的7倍,10年后小芳年龄是小英年龄的2倍,问今年小芳、小英两人各多少岁?

5. 姐姐今年18岁,妹妹今年13岁.试求当两人年龄和为73岁时,两人各应是多少岁?

6. 李荣全家有三口人:爸爸、妈妈和他.今年全家的年龄和是70岁,8年前全家的年龄和是47岁.已知妈妈比爸爸小1岁.三人现在各是多少岁?

7. 哥哥和弟弟两人3年后年龄和是27岁,弟弟今年的年龄正好是哥哥和弟弟两人年龄的差.哥哥和弟弟今年各多少岁?

8.1994 年妈妈的年龄是姐姐和妹妹年龄和的 4 倍,2002 年妈妈的年龄是姐姐和妹妹年龄和的 2 倍,问妈妈出生于哪一年?

9. 哥哥 5 年前的年龄与妹妹 4 年后的年龄相等,哥哥 2 年后的年龄与妹妹 8 年后的年龄和为 97 岁,请问二人今年各多少岁?

10.1994 年父亲的年龄是哥哥和弟弟年龄之和的 4 倍.2000 年,父亲的年龄是哥哥和弟弟年龄之和的 2 倍.问:父亲出生在哪一年?

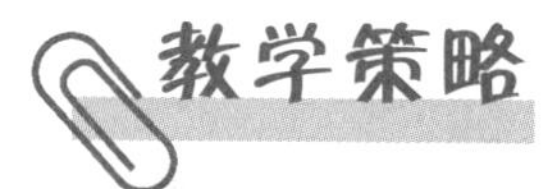


年龄问题对于学生来说比较熟悉,教师在教学中可以从学生自身引入,对比同桌或者家人之间的年龄,从而得出两个人的年龄差不随年龄的增长而改变.解答年龄问题的关键是要抓住年龄差不变和每人每年长一岁的特点.

年龄问题的基本数量关系式:

几年前年龄=小年龄-(大年龄-小年龄)÷(倍数-1)

几年后年龄=(大年龄-小年龄)÷(倍数-1)-小年龄

(几年后年龄=大小年龄差÷倍数差-小年龄,几年前年龄=小年龄-大小年龄差÷倍数差.)

根据题目的条件,我们常将年龄问题化为“差倍问题”“和差问题”“和倍问题”进行求解.

# 第四讲　平均数问题

## 课题解析

平均数是统计中的一个重要概念，是表示一组数据集中趋势的量数.小学数学里所讲的平均数一般是指算术平均数,也就是一组数据的和除以这组数据的个数所得的商.在统计中算术平均数常用于表示统计对象的一般水平,它是描述数据集中位置的一个统计量,既可以用它来反映一组数据的一般情况和平均水平,也可以用它进行不同组数据的比较,以看出组与组之间的差别.用平均数表示一组数据的情况,有直观、简明的特点,所以在日常生活中经常用到,如平均速度、平均身高、平均产量、平均成绩等.

## 核心提示

**1. 求平均数问题的基本数量关系**

总数量÷总份数＝平均数

总数量÷平均数＝总份数

平均数×总份数＝总数量

**2. 求平均数的两种基本方法**

(1)直接求法:利用公式“总数量÷总份数＝平均数”求出平均数,这是由“均分”思想产生的方法.

(2)基数求法:利用公式“基数＋各数与基数的差的总和÷总份数＝平均数”求出平均数,这是由“补差”思想产生的方法.

## 例题精讲

**【例 1】**　植树小组植一批树,3 天完成,前两天共植 113 棵,第三天植了 55 棵,植树小组平均每天植树多少棵?

**解析**　要求植树小组平均每天植树的棵树,必须知道植树的总棵树和植树的天数,植树的总棵树用前两天植的113棵树加上第三天植的55棵:113＋55＝168(棵);植树天数为3天,所以植树小组平均每天植树168÷3＝56(棵).

113＋55＝168(棵)

168÷3＝56(棵)

综合算式:(113＋55)÷3＝56(棵)

答:植树小组平均每天植树56棵.

[**举一反三**]

小佳期末考试语文、数学总成绩为197分,外语成绩为91分,小佳三门平均成绩是多少分?

**解析** (197＋91)÷3＝96(分)

[**拓展练习**]

小红、小青的平均身高是103厘米,小军的身高是115厘米,三人平均身高是多少?

**解析** (103×2＋115)÷3＝107(厘米)

**【例2】** 一辆摩托车从甲地开往乙地,前两小时每小时行驶60千米,后三小时每小时行驶70千米,平均每小时行驶多少千米?

**解析** 根据已知条件,先求这辆摩托车行驶的总路程:60×2＋70×3＝330(千米),再求行驶的总时间:2＋3＝5(小时),最后求出平均每小时行驶的千米数:330÷5＝66(千米).

60×2＋70×3＝330(千米)

2＋3＝5(小时)

330÷5＝66(千米)

综合算式:(60×2＋70×3)÷(2＋3)＝66(千米)

答:平均每小时行驶66千米.

**【举一反三】**

一个同学读一本故事书,前四天每天读25页,以后每天读40页,又读了6天正好读完,这个同学平均每天读多少页?

**解析** (25×4＋40)÷(4＋6)＝14(页)

[**拓展练习**]

小华家先后买了一批鸡,第一批的20只每只重60克,第二批30只每只重70克,小华家的小鸡平均重多少克?

**解析** (60×20＋30×70)÷(20＋30)＝66(克)

**【例3】** 数学测试中,一组学生的最高分为98分,最低分为86分,其余5名学生平均分为92分,这一组平均分是多少分?

**解析** 要求平均分,应用总分数÷总人数＝平均分.依题意,总分数为98＋86＋92×5＝

644(分),总人数为 1+1+5=7(人),用总分数 644 分除总人数 7 人,求出平均分为 92 分.

$$98+86+92\times5=644(\text{分})$$

$$1+1+5=7(\text{人})$$

$$644\div7=92(\text{分})$$

综合算式:$(98+86+92\times5)\div(1+1+5)=92$(分)

答:这一组平均分是 92 分.

**【举一反三】**

1. 一组同学进行立定跳远比赛,最远的跳 152 厘米,最近的跳 144 厘米,其余 6 名都跳 148 厘米,这一组平均跳了多少?

**解析** $(152+144+6\times148)\div(1+1+6)=148$(厘米)

2. 一组同学测量身高,最高为 150 厘米,最矮为 136 厘米,其余 4 名都为 143 厘米,这一组同学平均身高是多少?

**解析** $(150+136+143\times4)\div(1+1+4)=143$(厘米)

[**拓展练习**]

音乐考试中,一组学生中有 2 人得 90 分,1 人得 70 分,其余 5 人得 78 分,这组平均成绩是多少分?

**解析** $(90\times2+70+5\times78)\div(2+1+5)=80$(分)

**【例 4】** 华华 3 次数学测验平均分是 89 分,4 次数学平均分是 90 分,第 4 次测验得多少分?

**解析** 根据 3 次数学测验平均成绩是 89 分,可求出 3 次测验的总成绩是 $89\times3=267$(分),根据 4 次数学测验平均成绩是 90 分,可求出 4 次测验得总成绩是 $90\times4=360$(分),最后求出第 4 次成绩是 $360-267=93$(分).

$$89\times3=267(\text{分})$$

$$90\times4=360(\text{分})$$

$$360-267=93(\text{分})$$

综合算式:$89\times3-90\times4=93$(分)

答:第 4 次测验得 93 分.

**【举一反三】**

1. 期末考试中,王英的语文和数学的平均成绩是 92 分,加上英语后,三门平均成绩是 93 分,外语得多少分?

**解析** $93\times3-92\times2=95$(分)

2. 有四个采茶叶小队,甲乙丙三个小队平均每队采 20 千克,甲乙丙丁四个小队平均每队采 22 千克,丁队采了多少千克?

**解析** $22\times4-20\times3=28$(千克)

［拓展练习］

宁宁期中考试语文、数学、自然的平均成绩是91分，外语成绩公布后，他的平均成绩提高了2分，宁宁外语成绩考了多少分？

**解析**　$(91+2)\times4-91\times3=99$(分)

**【例5】**　有7个数的平均数是8，如果将其中一个改为1，这时7个数的平均数是7，这个被改动的数是几？

**解析**　改动前，7个数的平均数是8，这7个数总和是$7\times8=56$，改动后7个数的平均数为7，这时7个数的总和为$7\times7=49$，改动后总和相差了$56-49=7$，这说明原数比1多了7，因而原数为$1+7=8$.7个数的平均数是8改动后变为7，下降了1，也就是说这个改动的数比原来少了$1\times7=7$，那么这个被改动的数原来是$1+7=8$.

方法1：

$$7\times8=56$$
$$7\times7=49$$
$$56-49=7$$
$$1+7=8$$

综合算式：$1+(7\times8-7\times7)=8$

方法2：

$$1\times7=7$$
$$1+7=8$$

综合算式：$1+1\times7=8$

答：这个被改动的数是8.

［举一反三］

有5个数的平均数是5，如果将其中一个改为2，这时5个数的平均数是4，这个被改动的数是几？

**解析**　$5\times5-(5\times4-2)=7$

［拓展练习］

有3个数的平均数是3，如果将其中一个改为10，这时3个数的平均数是5，这个被改动的数是几？

**解析**　$3\times3-(3\times5-10)=4$

**【例6】**　有4个数，这4个数的平均数是21，其中前两个数的平均数是15，后3个数的平均数是26，第二个数是多少？

**解析**　根据“4个数的平均数是21”，可以得出4个数的总和是$21\times4=84$，又根据“前两个数的平均数是15，后3个数的平均数是26”，可以得出它们的总数为$15\times2+26\times3=108$，其中第二数被重复算了一次,所以总数就多出了 108－84＝24,这多出的 24 就是第二个数.

$$21\times4=84$$
$$15\times2+26\times3=108$$
$$108-84=24$$

综合算式:$15\times2+26\times3-21\times4=24$

答:第二个数是 24.

[**举一反三**]

1. 有 4 个数,这 4 个数的平均数是 34,其中前三个数的平均数是 30,后 2 个数的平均数是 36,第三个数是多少?

**解析**

第四个数:$34\times4-30\times3=46$

第三个数:$36\times2-46=26$

2. 有 4 个数,这 4 个数的平均数是 100,其中前两个数的平均数是 95,后 3 个数的平均数是 98,第二个数是多少?

**解析**

第一个数:$100\times4-98\times3=106$

第二个数:$95\times2-106=84$

[**拓展练习**]

小林的语文、数学、英语、社会四门测试的平均成绩是 89 分,前三门的平均成绩是 92 分,后两门平均成绩是 88 分,小林英语测试多少分?

**解析**

社会:$89\times4-92\times3=80$(分)

英语:$88\times2-80=96$(分)

**【例 7】** 甲地到乙地相距 30 千米,爸爸骑自行车从甲地到乙地每小时行 15 千米,从乙地到甲地每小时行 10 千米.求爸爸往返的平均速度.

**解析** 求爸爸往返的平均速度,必须知道总路程和总时间.总路程是两个全程,即 $30\times2=60$(千米),总时间是去的时间与返回的时间的和,即 $30\div15=2$(小时)、$30\div10=3$(小时)、$2+3=5$(小时),所以平均速度是 $60\div5=12$(千米).

$$30\times2=60\text{(千米)}$$
$$30\div15=2\text{(小时)}$$
$$30\div10=3\text{(小时)}$$
$$2+3=5\text{(小时)}$$
$$60\div5=12\text{(千米)}$$

综合算式:$30\times2\div(30\div15+30\div10)=12$(千米)

答:爸爸往返的平均速度是每小时行 12 千米.

[举一反三]

爸爸骑自行车以每小时行 20 千米的速度行驶 60 千米,返回时每小时行 30 千米.求爸爸往返的平均速度.

**解析**　$(60+60)\div(60\div20+60\div30)=24$(千米)

[拓展练习]

一辆汽车以每小时 20 千米的速度上坡,行了 120 千米,然后用每小时 30 千米的速度返回.求这辆汽车全程的平均速度.

**解析**　$120\times2\div(120\div20+120\div30)=24$(千米)

**【例 8】**　如果 4 个人的平均年龄是 23 岁,4 个人中没有小于 18 岁的,那么年龄最大的可能是多少岁?

**解析**　因为 4 个人的平均年龄是 23 岁,那么 4 个人的岁数和是 $23\times4=92$(岁),又知道 4 个人中没有小于 18 岁的,如果 4 个人中三个人的年龄都是 18 岁,就可以去求另一个人的年龄最大可能是 $92-18\times3=38$(岁).

$$23\times4=92(岁)$$
$$18\times3=54(岁)$$
$$92-54=38(岁)$$

综合算式:$23\times4-18\times3=38$(岁)

答:年龄最大的人可能是 38 岁.

[举一反三]

如果 4 个人的平均年龄是 28 岁,4 个人中没有小于 30 岁的,那么年龄最小的可能是多少岁?

**解析**　求年龄最小,要是其余人年龄尽量大,不妨设其余 3 人年龄都是 30 岁,则有年龄最小为 $28\times4-30\times3=22$(岁).

[拓展练习]

刘刚 5 次考试平均成绩为 92 分(满分 100 分),那么他每次考试的分数不得低于多少分?

**解析**　$92\times5-100\times4=60$(分)

**【例 9】**　一次数学测验,全班平均分是 91.2 分,已知女生有 21 人,平均每人 92 分,男生平均每人 90.5 分,求这个班男生有多少人?

**解析**　女生每人比全班平均分高 $92-91.2=0.8$(分),而男生每人比全班平均分低 $91.2-90.5=0.7$(分).全体女生高出全班平均分 $0.8\times21=16.8$(分),应补给每个男生 0.7 分,$16.8\div0.7=24$(人),即全班有 24 名男生.

方法 1(算数法):

$$92-91.2=0.8(分)$$

$$91.2-90.5=0.7(分)$$

$$0.8\times21=16.8(分)$$

$$16.8\div0.7=24(人)$$

综合算式：$(92-91.2)\times21=16.8$(分)

$$16.8\div(91.2-90.5)=24(人)$$

方法2(方程法)：

设男生有 $x$ 人.

$$91.2(x+21)=92\times21+90.5x$$

$$x=24$$

答：这个班男生有24人.

**[举一反三]**

两组学生进行跳绳比赛，平均每人跳152下，甲组有6人，平均每人跳140下，乙组平均每人跳160下，乙组有多少人？

**解析** 假如甲组每人都跳了140下，那么甲组每人跳140下离总平均数差 $152-140=12$ 下，一共六人就差 $6\times12=72$ 下，那这72下就要乙组补足，乙组每人跳160下，比总平均数多了 $160-152=8$ 下，把这8下给甲组，乙组每人就跳152下，甲组就多了8下，甲组一共需要72下，$72\div8=9$(人)，那乙组就9人.

**[拓展练习]**

把甲级糖和乙级糖混合在一起，平均每千克卖7元，已知甲级糖有4千克，每千克8元，乙级糖有2千克，乙级糖每千克多少元？

把甲级糖和乙级糖混合在一起，平均每千克卖7元，已知甲级糖有4千克，每千克8元，乙级糖有2千克，乙级糖每千克多少元？

**解析** 甲乙总价：$7\times(4+2)=42$(元)

乙的单价：$(42-4\times8)\div2=5$(元)

**【例10】** 一位同学在期中考试中，除数学外，其他几门功课平均成绩是94分，如果数学算在内，平均成绩是95分，已知她数学得100分，问该同学一共考几门功课？

**解析** 100分比95分多5分，这5分必须填补到其他几门功课中去，使其平均分94分变为95分，每门填补 $95-94=1$(分)，5里面有5个1，所以其他有5门功课，连数学在内一共考了 $5+1=6$(门)功课.

方法1(算数法)：

$$100-95=5(分)$$

$$95-94=1(分)$$

$$5\div1=5$$

$5+1=6$(门)

综合算式:$(100-95)\div(95-94)=5$(门)

$5+1=6$(门)

方法 2(方程法):

解:设一共考了 $x$ 门.

$$94(x-1)+100=95x$$

$$x=6$$

答:同学一共考 6 门功课.

[**举一反三**]

小明前几次数学测验的平均成绩是 84 分,这次考 100 分,才能把数学平均成绩提高到 86 分,问这是他第几次数学测验?

**解析**　超出平均数的部分:$100-86=14$(分)

之前考试次数:$14\div(86-84)=7$(次)

最后一次的次数:$7+1=8$(次)

[**拓展练习**]

小明前五次数学测验平均成绩是 88 分,为了使平均成绩达到 92.5 分,小明要连续考多少次 100 分?

**解析**　总成绩要增加$(92.5-88)\times5=22.5$(分),

每考一个 100 分可使总成绩增加 $100-92.5=7.5$(分)

$22.5\div7.5=3$(次).

## 练习题

1. 某班有 40 名学生,期中数学考试,有两名同学因故缺考,这时班级平均分为 87 分,缺考的同学补考各得 97 分,这个班级期中数学考试平均分是多少?

2. 小明第一、二两次测验的数学平均成绩是 82 分,第三次测验后,三次平均成绩是 85 分,第三次是多少分?

3. 甲、乙、丙三人合买 12 个小面包平均分着吃,甲付出 7 个面包钱,乙付出 5 个面包钱,丙没带钱,等吃完后一算,丙应拿出 6 元钱,丙应还给甲乙各多少钱?

4. 用 8 元 1 千克的甲级糖,6.5 元 1 千克的乙级糖,4 元 1 千克的丙级糖,混合成为每千克 5 元的什锦糖.如果甲级糖 3 千克,乙级糖 4 千克,应放入丙级糖多少千克?

5. 幼儿园买来苹果若干个,如果只分给大班,平均每人可得 15 个;如果只分给中班平均每人可得 10 个.那么把这些苹果平均分给两个班的小朋友,平均每人得多少个?

6. 有甲、乙、丙三个数,甲数和乙数的平均数是 51,甲数和丙数的平均数是 58,乙数和丙数的平均数是 59,求甲、乙、丙这三个数各是多少?

7. 某次数学考试,甲乙的成绩和是 186 分,乙丙的成绩和是 189 分,丙丁的成绩和是 190 分,甲比丁多 3 分,问甲、乙、丙、丁各多少分?

8. 某次数学竞赛原定一等奖 6 人,二等奖 12 人,现在将一等奖中最后 3 人调整为二等奖,这样得二等奖的学生平均分提高了 1 分,得一等奖的学生平均分提高了 4 分,那么原来一等奖的平均分比二等奖的平均分高多少分?

9. 小明前几次数学测验的平均成绩是 84 分,这一次要考 100 分,才能把平均成绩提高到 86 分,问这一次是第几次测验?

10. 某 5 个数的平均值为 60,若把其中一个数改为 80,平均值为 70,原来这个数是多少?

11. 今年前 5 个月,文文家每月平均存钱 1 300 元,从 6 月起他每月储蓄 1 750 元,那么从哪个月起文文家的平均储蓄超过 1 500 元?

12. 一艘轮船从甲港开往乙港每小时 30 千米,行了 6 小时,返回时逆水,每小时 20 千米,求往返的平均速度.

13. 李明在期中考试中语文、数学的平均分是 95 分,外语成绩公布后,李明发现外语成绩比三门成绩的平均分少了 4 分.李明的外语得了多少分?

14. 有八个数排成一列,它们的平均数是 8.5.已知前五个数的平均数是 9.2,后四个数的平均数是 9.5.问:第五个数是多少?

15. 五位裁判员给一名体操运动员评分后,去掉一个最高分和一个最低分,平均得 9.58 分;只去掉一个最高分,平均得 9.46 分;只去掉一个最低分,平均得 9.66 分.这个运动员的最高分与最低分相差多少?

## 教学策略

平均数问题的应用题在现实生活中普遍存在和广泛应用.教学时,应紧扣学生的生活实际,引导他们参与求平均数的实践活动,亲自感知,从生活实例中发现数学问题,经过分析、思考,逐步抽象,找到解决数学问题的方法,并理解平均数的意义,认识平均数应用题的特征,掌握平均数应用题的基本方法.

### 1. 创设生活化情景

有些平均数应用题单凭字面理解十分抽象,口头讲解很难解释清楚,如果创设一些学生熟悉的有利于数学学习的思维情景,则可起到事半功倍的效果.好的生活情景能促发强烈的问题意识,利于引发学生的探究情感,培养创新意识.

### 2. 培养学生分析题目结构的能力

培养学生分析题目结构的能力是提高学生解题能力的关键,也是解题的核心.解决应用题关键在于发现解法,就是在“问题—条件”之间找出某种联系和关系,通过分析题意,明确题目的已知条件，挖掘题目的隐含条件，通过分析隐含条件实现由已知到未知的过渡，最终解决问题.

**3. 指导学生灵活运用各种解题策略**

有些学生的解题困难是由于没有恰当的解题策略所致，这就要求教师要善于研究、善于归纳针对不同题型的解题策略，并对学生进行恰到好处地引导、点拨.

# 第五讲　分数应用题

## 课题解析

分数应用题是研究数量之间份数关系的典型应用题，一方面它是在整数应用题上的延续和深化，另一方面它有其自身的特点和解题规律. 在解这类问题时，分析中数量之间的关系，准确找出“量”与“率”之间的对应是解题的关键.

分数应用题经常要涉及两个或两个以上的量，我们往往把其中的一个量看作标准量，也称单位“1”，进行对比分析. 在几个量中，关键也是要找准单位“1”和对应的百分率，以及对应量三者的关系

例如：$a$ 是 $b$ 的几分之几，就把数 $b$ 看作单位“1”.

又如：甲比乙多$\frac{1}{8}$，乙比甲少几分之几？

方法 1：可设乙为单位“1”，则甲为 $1+\frac{1}{8}=\frac{9}{8}$，因此乙比甲少$\frac{1}{8}\div\frac{9}{8}=\frac{1}{9}$.

方法 2：可设乙为 8 份，则甲为 9 份，因此乙比甲少$(9-8)\div 9=\frac{1}{9}$.

## 核心提示

怎样找准分数应用题中单位“1”？

1. 部分数和总数

在同一整体中，部分数和总数作比较关系时，部分数通常作为比较量，而总数则作为标准量，那么总数就是单位“1”.

例如：我国人口约占世界人口的几分之几？——世界人口是总数，我国人口是部分数，世界人口就是单位“1”.

**解题关键：**只要找准总数和部分数，确定单位“1”就很容易了.

2. 两种数量比较

分数应用题中，两种数量相比的关键句非常多. 有的是“比”字句，有的则没有“比”字，而是带有指向性特征的“占”“是”“相当于”. 在含有“比”字的关键句中，比后面的那个数量通常就作

为标准量，也就是单位“1”.

例如：六(2)班男生比女生多——就是以女生人数为标准(单位“1”).

**解题关键**：在另外一种没有比字的两种量相比的时候，我们通常找到分率，看“占”谁的，“相当于”谁的，“是”谁的几分之几. 这个“占”“相当于”“是”后面的数量——谁就是单位“1”.

**3. 原数量与现数量**

有的关键句中不是很明显地带有一些指向性特征的词语，也不是部分数和总数的关系. 这类分数应用题的单位“1”比较难找. 需要将题目文字完善成我们熟悉的类似带“比”的文字，然后再进行分析.

例如：水结成冰后体积增加了，冰融化成水后体积减小了.

完善后：水结成冰后体积增加了→“水结成冰后体积比原来增加了”→原来的水是单位“1”.

冰融化成水后，体积减小了→“冰融化成水后，体积比原来减少了”→原来的冰是单位“1”.

**解题关键**：要结合语文知识将题目简化的文字丰富后再进行分析.

## 例题精讲

**【例 1】** 甲、乙两人星期天一起上街买东西，两人身上所带的钱共计 86 元. 在人民市场，甲买一双运动鞋花去了所带钱的$\frac{4}{9}$，乙买一件衬衫花去了人民币 16 元. 这样两人身上所剩的钱正好一样多. 问甲、乙两人原先各带了多少钱？

**解析**　方法 1：把甲所带的钱视为单位“1”，由题意，乙花去 16 元后所剩的钱与甲所带钱的$\frac{5}{9}$一样多，那么 86－16 元钱正好是甲所带钱的$\frac{5}{9}+1$，那么甲原来带了$(86-16)\div\left(\frac{5}{9}+1\right)=45$(元)，乙原来带了 $86-45=41$(元).

方法 2：

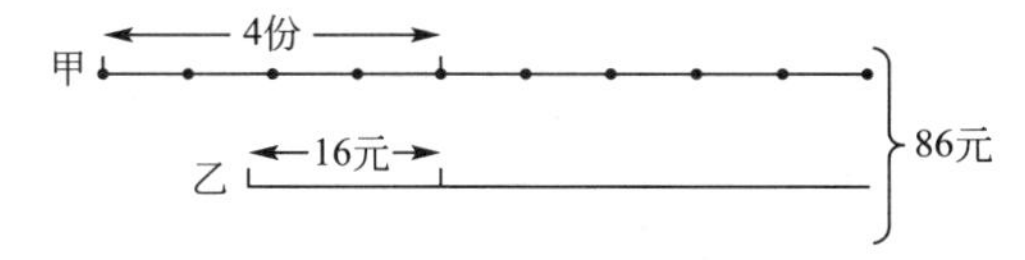


设甲所带的钱数为 9 份，则甲和乙都还剩 5 份，所以每份是：$(86-16)\div(9+5)=5$(元)，则甲原来带了 $5\times9=45$(元)，乙原来带了 $5\times5+16=41$(元).

［举一反三］

一实验五年级共有学生 152 人，选出男同学的$\frac{1}{11}$和 5 名女同学参加科技小组，剩下的男、女人数正好相等. 五年级男、女同学各有多少人？

**解析** 根据题意画出线段图,找出量率对应:

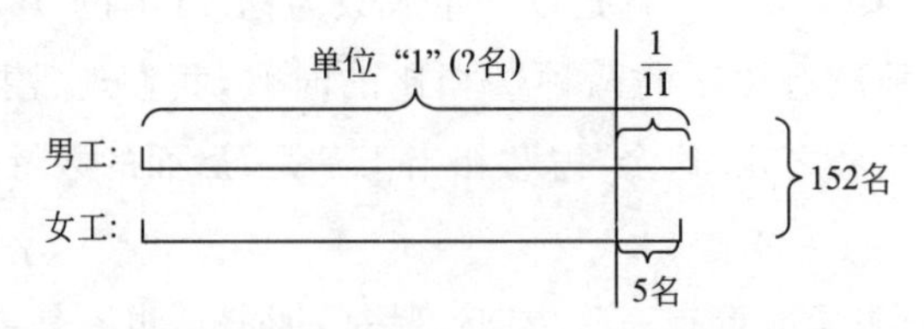


题中所给的已知数量虽然没有直接的对应关系,但从中可以看出,如果女工去掉5人就和男工人数的$\left(1-\frac{1}{11}\right)$相对应,因此总人数也应去掉5人,相应的与男工人数的$\left(1-\frac{1}{11}+1\right)$相对应.因此男工有$(152-5)\div\left(1-\frac{1}{11}+1\right)=77$(名),女工有$152-77=75$(名).

[**拓展练习**]

五年级有学生238人,选出男生的$\frac{1}{4}$和14名女生参加团体操,这时剩下的男生和女生人数一样多,问:五年级女生有多少人?

**解析** 男生人数:$(238-14)\div\left(1-\frac{1}{4}+1\right)=128$(人),

女生人数:$128\times\frac{3}{4}+14=110$(人).

**【例2】** 甲、乙两个书架共有1 100本书,从甲书架借出$\frac{1}{3}$,从乙书架借出75%以后,甲书架是乙书架的2倍还多150本,问乙书架原有多少本书?

**解析**

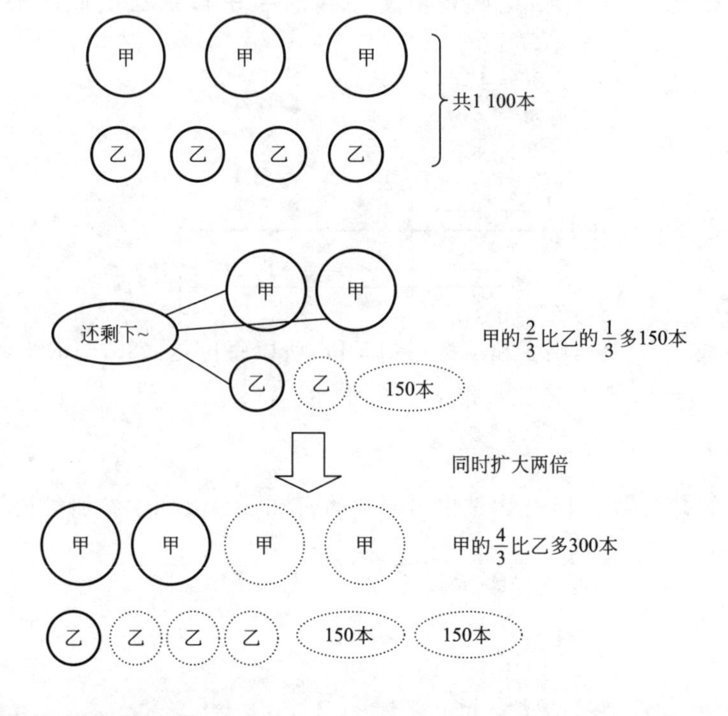

这个题目的难点在于甲乙的数目同时发生了变化，变化之后的关系是两倍还多150本，也就是说：甲的$\frac{2}{3}$比乙的$\frac{1}{4}$的两倍还多150本. 如果能够正确地理解和转化这个条件，这道题也就迎刃而解了. 从上图中不难看出，“甲的$\frac{2}{3}$比乙的$\frac{1}{4}$的两倍还多150本”其实也就是“甲的$\frac{2}{3}$比乙的$\frac{1}{2}$多150本”，如果同时扩大两倍，它们之间的关系就变成了“甲的$\frac{4}{3}$比乙多300本”，结合“甲乙的和为1 100本”这个条件，这个问题就变成了一个简单的和倍问题了.

方法1：

$1-\frac{1}{3}=\frac{2}{3}$，$1-75\%=\frac{1}{4}$，$150\times2=300$(本)，$\frac{1}{4}\times2=\frac{1}{2}$，

$(1\ 100+300)\div\left(\frac{2}{3}\times2+\frac{1}{2}\times2\right)=600$(本)…………甲的书本数目

$1\ 100-600=500$(本)…………………乙的书本数目

方法2：设甲原有$x$本书.

$$\left[\left(1-\frac{1}{3}\right)x-150\right]\div2\div(1-75\%)+x=1\ 100(\text{本}),$$

解得$x=600$，则甲有600本.

$1\ 100-600=500$(本)，即乙有500本.

**［举一反三］**

五年级上学期男、女生共有300人，这一学期男生增加$\frac{1}{25}$，女生增加$\frac{1}{20}$，共增加了13人. 这一学年六年级男、女生各有多少人？

**解析**

方法1：此题我们用假设法来解答. 假设这一学期五年级男、女生人数都增加$\frac{1}{25}$，那么增加的人数应为$300\times\frac{1}{25}=12$(人)，这与实际增加的13人相差$13-12=1$(人). 相差1人的原因是把女生增加的$\frac{1}{20}$看成$\frac{1}{25}$计算了，即少算了原女生人数的$\frac{1}{20}-\frac{1}{25}=\frac{1}{100}$，也就是说这1人正好相当于上学期女生人数的1%，可求出上学期女生的人数为$\left(13-300\times\frac{1}{25}\right)\div\left(\frac{1}{20}-\frac{1}{25}\right)=100$(人)，男生人数为$300-100=200$(人)，这学年女生的人数为$100\times\left(1+\frac{1}{20}\right)=105$(人)，这学年男生的人数为$200\times\left(1+\frac{1}{25}\right)=208$(人).

方法2：本题可以看成男生1份+女生1份=13(人)，那么男生20份+女生20份=13×

$20=260$(人),对比分析可以看出:$300-260=40$(人)对应男生的 $25-20=5$(份),所以男生有 $40\div5\times(25+1)=208$(人),女生有 $300+13-208=105$(人).

[**拓展练习**]

把金放在水里称,其质量减轻$\frac{1}{19}$,把银放在水里称,其质量减轻$\frac{1}{10}$.现有一块金银合金重770克,放在水里称共减轻了50克,问这块合金含金、银各多少克?

**解析** 方法1:设合金含金 $x$ 克,则银有$(770-x)$克.依题意,列方程得$\frac{1}{19}x+\frac{1}{10}(770-x)=50$,解得 $x=570$,所以这块合金中金有570克,银有200克.

方法2:本题可以看成金1份+银1份=50(克),那么金10份+银10份$=50\times10=500$(克),对比分析可以看出:$770-500=270$(克)对应金的 $19-10=9$(份),所以金有 $270\div9\times19=570$(克),银有 $770-570=200$(克).

**【例3】** 光明小学有学生900人,其中女生的$\frac{4}{7}$与男生的$\frac{2}{3}$参加了课外活动小组,剩下的340人没有参加.这所小学有男、女生各多少人?

**解析** (用假设法)假设男生、女生都有$\frac{2}{3}$的人参加了课外活动小组,那么共有 $900\times\frac{2}{3}=600$(人),比现在多出了 $600-(900-340)=40$(人),这多出的40人即为女生的$\left(\frac{2}{3}-\frac{4}{7}\right)$,所以

女生人数:$40\div\left(\frac{2}{3}-\frac{4}{7}\right)=420$(人)

男生人数:$900-420=480$(人)

[**举一反三**]

1. 二年级两个班共有学生90人,其中少先队员有71人,又知一班少先队员占全班人数的$\frac{3}{4}$,二班少先队员占全班人数的$\frac{5}{6}$,求两个班各有多少人?

**解析** 本题与鸡兔同笼问题相似,根据鸡兔同笼问题的假设法,可求得一班人数为$\left(90\times\frac{5}{6}-71\right)\div\left(\frac{5}{6}-\frac{3}{4}\right)=48$(人),那么二班人数为 $90-48=42$(人).

2. 盒子里有红、黄两种玻璃球,红球为黄球个数的$\frac{2}{5}$,如果每次取出4个红球,7个黄球,若干次后,盒子里还剩2个红球,50个黄球,那么盒子里原有多少个玻璃球?

**解析** 由于红球与黄球个数比为 $2:5$,所以若每次取4个红球,10个黄球,则最后剩下的红球与黄球的个数比仍为 $2:5$,即最后剩下2个红球,5个黄球,而实际上是每次取4个红球,7个黄球,最后剩2个红球,50个黄球,每次少取了3个黄球,最后多剩下45个黄球,所以一共取了 $45\div3=15$ 次,所以球的总数为$(4+7)\times15+2+50=217$ 个.

［拓展练习］

甲乙两班的同学人数相等，各有一些同学参加课外天文小组，已知甲班参加的人数恰好是乙班未参加人数的 1/3，乙班参加人数恰好是甲班未参加人数的 1/4，问甲班没有参加的人数是乙班没有参加的人数的几分之几？

**解析**　分别用甲参、甲未、乙参、乙未表示甲、乙班参加和未参加的人数，则：$甲_{参}+甲_{未}=乙_{参}+乙_{未}$，将$甲_{参}=\frac{1}{3}乙_{未}$、$乙_{未}=\frac{1}{4}甲_{未}$代入上式，得$\frac{1}{3}乙_{未}+甲_{未}=\frac{1}{4}甲_{未}+乙_{未}$，解得$\frac{甲_{未}}{乙_{未}}=\frac{8}{9}$.

**【例 4】**　工厂生产一批产品，原计划 15 天完成. 实际生产时改进了生产工艺，每天生产产品的数量比原计划每天生产产品数量的$\frac{5}{11}$多 10 件，结果提前 4 天完成了生产任务. 则这批产品有多少件？

**解析**　设原计划每天生产 11 份，则实际每天生产 5 份加 10 件，而根据题意这批产品共有 $11\times15=165$(份)，所以实际每天生产 $165\div(15-4)=15$(份)，所以 15 份与 5 份加 10 件的和相同，所以每份就是 1 件，所以这批产品共有 165 件. 或用方程来解.

［举一反三］

有若干堆围棋棋子，每堆棋子数一样多，且每堆中白子都占 28%. 小明从某一堆中拿走一半棋子，而且拿走的都是黑子，现在，在所有的棋子中，白子将占 32%. 那么，共有棋子多少堆？

**解析**　设每堆棋子为 100 个有 $x$ 堆棋子，那么每堆中白子为 28 个，黑子为 72 个，那走一半棋子且为黑子时，还剩白子为 $28x$ 个，黑子为$(72x—50)$个，所以列方程为$\frac{28x}{100x-50}=32\%$，解得 $x=4$，所以有 4 堆.

［拓展练习］

小马从飞机的舷窗向外看去，看见了部分海岛、部分白云以及不大的一块海域，假定白云占窗口画面的一半，它遮住了岛的$\frac{1}{4}$，因此岛在窗口画面上只占$\frac{1}{4}$，问被白云遮住的那部分海洋占画面的多少？

**解析**　遮住了海岛的$\frac{1}{4}$，说明有$\frac{3}{4}$没遮住. 因此海岛在窗口画面上只占$\frac{1}{4}$，说明$\frac{3}{4}$没遮住的部分在窗口上占$\frac{1}{4}$，那么无云时，整个海岛应占$\frac{1}{4}\div\frac{3}{4}=\frac{1}{3}$，说明无云时，整个海域应占$1-\frac{1}{3}=\frac{2}{3}$. 若白云占窗口的一半，它遮住了海岛的$\frac{1}{4}$，因此海岛在窗口画面上只占$\frac{1}{4}$，说明当时能看到的海域占了$1-\frac{1}{2}-\frac{1}{4}=\frac{1}{4}$，因此遮挡住的海域为$\frac{2}{3}-\frac{1}{4}=\frac{5}{12}$

**【例 5】** 养殖专业户王老伯养了许多鸡鸭，鸡的只数是鸭的只数的 $1\frac{1}{4}$ 倍. 鸭比鸡少几分之几？

**解析** 方法 1：把鸭看成单位“1”，那么鸡就是 $1\frac{1}{4}$，鸭比鸡少：$\left(1\frac{1}{4}-1\right)\div 1\frac{1}{4}=\frac{1}{5}$（此时的单位“1”是鸡的只数）.

方法 2：设鸭有 4 份，则鸡有 5 份，所以鸭比鸡少 $1\div 5=\frac{1}{5}$.

[**举一反三**]

某校男生比女生多$\frac{3}{7}$，女生比男生少几分之几？

**解析** 方法 1：男生比女生多$\frac{3}{7}$，则男生有 $1+\frac{3}{7}=\frac{10}{7}$，女生比男生少$\frac{3}{7}\div\frac{10}{7}=\frac{3}{10}$.

方法 2：设女生有 7 份，则男生有 10 份，所以女生比男生少 $3\div 10=\frac{3}{10}$.

[**拓展练习**]

学校阅览室里有 36 名学生在看书，其中女生占$\frac{4}{9}$，后来又有几名女生来看书，这时女生人数占所有看书人数的$\frac{9}{19}$. 问后来又有几名女生来看书？

**解析** 把总人数视为 1，紧抓住男生人数不变进行解答. 男生人数是 $36\times\left(1-\frac{4}{9}\right)=20$（人），后来阅览室的总人数是 $20\div\left(1-\frac{9}{19}\right)=38$（名），后来有 $38-36=2$（名）女生进来.

**【例 6】** 工厂原有职工 128 人，男工人数占总数的$\frac{1}{4}$，后来又调入男职工若干人，调入后男工人数占总人数的$\frac{2}{5}$，这时工厂共有职工多少人？

**解析** 在调入的前后，女职工人数保持不变. 在调入前，女职工人数为 $128\times\left(1-\frac{1}{4}\right)=96$（人），调入后女职工占总人数的 $1-\frac{2}{5}=\frac{3}{5}$，所以现在工厂共有职工 $96\div\frac{3}{5}=160$（人）.

[**举一反三**]

1. 有甲、乙两桶油，甲桶油的质量是乙桶的$\frac{5}{2}$倍，从甲桶中倒出 5 千克油给乙桶后，甲桶油的质量是乙桶的$\frac{4}{3}$倍，乙桶中原有油多少千克？

**解析** 原来甲桶油的质量是两桶油总质量的$\frac{5}{5+2}=\frac{5}{7}$，甲桶中倒出 5 千克后剩下的油的质量是两桶油总质量的$\frac{4}{4+3}=\frac{4}{7}$，由于总质量不变，所以两桶油的总质量为$5\div\left(\frac{5}{7}-\frac{4}{7}\right)=35$（千克），乙桶中原有油$35\times\frac{2}{7}=10$（千克）.

2.（1）某工厂二月份比一月份增产10%，三月份比二月份减产10%.问三月份比一月份增产了还是减产了？（2）一件商品先涨价15%，然后再降价15%，问现在的价格和原价格比较升高、降低还是不变？

**解析**　（1）设二月份产量是1，所以一月份产量为$1\div(1+10\%)=\frac{10}{11}$，三月份产量为$1-10\%=0.9$，因为$\frac{10}{11}>0.9$，所以三月份比一月份减产了.

（2）设商品的原价是1，涨价后为$1+15\%=1.15$，降价15%为$1.15\times(1-15\%)=0.9775$，现价和原价比较为$0.9775<1$，所以价格比较后是价降低了.

3. 某校三年级有学生240人，比四年级多$\frac{1}{4}$，比五年级少$\frac{1}{5}$.四年级、五年级各多少人？

**解析**　比四年级，可以设四年级为4份（一般情况下可设“比”“是”等词后面的实际量的份数为分数的分母），则三年级为5份恰有240人，所以每份就是$240\div5=48$，四年级有$48\times4=192$人，同理可设五年级有5份，则三年级有4份恰是240人，所以五年级有300人.

［**拓展练习**］

把100个人分成四队，一队人数是二队人数的$1\frac{1}{3}$倍，一队人数是三队人数的$1\frac{1}{4}$倍，那么四队有多少个人？

**解析**　方法1：设一队的人数是1，那么二队人数是：$1\div1\frac{1}{3}=\frac{3}{4}$，三队的人数是$1\div1\frac{1}{4}=\frac{4}{5}$，$1+\frac{3}{4}+\frac{4}{5}=\frac{51}{20}$，因此，一、二、三队之和是一队人数$\times\frac{51}{20}$，因为人数是整数，一队人数一定是20的整数倍，而三个队的人数之和是51×（某一整数），因为这是100以内的数，这个整数只能是1.所以三个队共有51人，其中一、二、三队各有20，15，16人.而四队有$100-51=49$（人）.

方法2：设二队有3份，则一队有4份；设三队有4份，则一队有5份.为统一一队所以设一队有[4,5]=20（份），则二队有15份，三队有16份，所以三个队之和为$15+16+20=51$（份），而四个队的份数之和必须是100的因数，因此四个队份数之和是100份，恰是一份一人，所以四队有$100-51=49$（人）.

**【例7】**　新光小学有音乐、美术和体育三个特长班，音乐班人数相当于另外两个班人数的$\frac{2}{5}$，美术班人数相当于另外两个班人数的$\frac{3}{7}$，体育班有58人，音乐班和美术班各有多少人？

**解析**　条件可以化为：音乐班的人数是所有班人数的$\frac{2}{5+2}=\frac{2}{7}$，美术班的学生人数是所有班人数的$\frac{3}{7+3}=\frac{3}{10}$，所以体育班的人数是所有班人数的$1-\frac{2}{7}-\frac{3}{10}=\frac{29}{70}$，所以所有班的人数为$58\div\frac{29}{70}=140$(人)，其中音乐班有$140\times\frac{2}{7}=40$(人)，美术班有$140\times\frac{3}{10}=42$(人).

[**举一反三**]

1. 甲、乙、丙三人共同加工一批零件，甲比乙多加工 20 个，丙加工零件数是乙加工零件数的$\frac{4}{5}$，甲加工零件数是乙、丙加工零件总数的$\frac{5}{6}$，则甲、丙加工的零件数分别为多少个？

**解析**　把乙加工的零件数看作 1，则丙加工的零件数为$\frac{4}{5}$，甲加工的零件数为$\left(1+\frac{4}{5}\right)\times\frac{5}{6}=\frac{3}{2}$，由于甲比乙多加工 20 个，所以乙加工了$20\div\left(\frac{3}{2}-1\right)=40$个，甲、丙加工的零件数分别为$40\times\frac{3}{2}=60$个、$40\times\frac{4}{5}=32$个.

2. 王先生、李先生、赵先生、杨先生四个人比年龄，王先生的年龄是另外三人年龄和的$\frac{1}{2}$，李先生的年龄是另外三人年龄和的$\frac{1}{3}$，赵先生的年龄是其他三人年龄和的$\frac{1}{4}$，杨先生 26 岁，你知道王先生多少岁吗？

**解析**　方法 1：要求王先生的年龄，必须先要求出其他三人的年龄各是多少. 而题目中出现了三个“另外三人”所包含的对象并不同，即三个单位 1 是不同的，这就是所说的单位 1 不统一，因此，解答此题的关键便是抓不变量，统一单位 1. 题中四个人的年龄总和是不变的，如果以四个人的年龄总和为单位 1，则单位 1 就统一了. 那么王先生的年龄就是四人年龄和的$\frac{1}{1+2}=\frac{1}{3}$，李先生的年龄就是四人年龄和的$\frac{1}{1+3}=\frac{1}{4}$，赵先生的年龄就是四人年龄和的$\frac{1}{1+4}=\frac{1}{5}$(这些过程就是所谓的转化单位 1). 则杨先生的年龄就是四人年龄和的$1-\frac{1}{3}-\frac{1}{4}-\frac{1}{5}=\frac{13}{60}$. 由此便可求出四人的年龄和：$26\div\left(1-\frac{1}{1+2}-\frac{1}{1+3}-\frac{1}{1+4}\right)=120$(岁)，王先生的年龄为：$120\times\frac{1}{3}=40$(岁).

方法 2：设王先生年龄是 1 份，则其他三人年龄和为 2 份，则四人年龄和为 3 份，同理设李先生年龄为 1 份，则四人年龄和为 4 份，设赵先生年龄为 1 份，则四人年龄和为 5 份，不管怎样四人年龄和应是相同的，但是现在四人年龄和分别是 3 份、4 份、5 份，它们的最小公倍数是 60 份，所以最后可以设四人年龄和为 60 份，则王先生的年龄变为 20 份，李先生的年龄变为 15 份，赵先生的年龄变为 12 份，杨先生的年龄为 13 份，恰好是 26 岁，所以 1 份是 2 岁，王先生年龄是 20 份，就是 40 岁.

［**拓展练习**］

甲、乙、丙、丁四个筑路队共筑 1 200 米长的一段公路，甲队筑的路是其他三个队的$\frac{1}{2}$，乙队筑的路是其他三个队的$\frac{1}{3}$，丙队筑的路是其他三个队的$\frac{1}{4}$，丁队筑了多少米？

**解析**　路占总公路长的$\frac{1}{1+2}=\frac{1}{3}$；

乙队筑的路是其他三个队的$\frac{1}{3}$，所以乙队筑的路占总公路长的$\frac{1}{1+3}=\frac{1}{4}$；

丙队筑的路是其他三个队的$\frac{1}{4}$，所以丙队筑的路占总公路长的$\frac{1}{1+4}=\frac{1}{5}$；

所以丁筑路为 $1\ 200\times\left(1-\frac{1}{3}-\frac{1}{4}-\frac{1}{5}\right)=260$(米)

**【例 8】**　小刚给王奶奶运蜂窝煤，第一次运了全部的$\frac{3}{8}$，第二次运了 50 块，这时已运来的恰好是没运来的$\frac{5}{7}$. 问还有多少块蜂窝煤没有运来？

**解析**　方法 1：运完第一次后，还剩下$\frac{5}{8}$没运，再运来 50 块后，已运来的恰好是没运来的$\frac{5}{7}$，也就是说没运来的占全部的$\frac{7}{12}$，所以，第二次运来的 50 块占全部的$\frac{5}{8}-\frac{7}{12}=\frac{1}{24}$，全部蜂窝煤有 $50\div\frac{1}{24}=1\ 200$(块)，没运来的有 $1\ 200\times\frac{7}{12}=700$(块).

方法 2：根据题意可以设全部为 8 份，因为已运来的恰好是没运来的$\frac{5}{7}$，所以可以设全部为 12 份，为了统一全部的蜂窝煤，所以，设全部的蜂窝煤共有$[8,12]=24$(份)，则已运来应是 $24\times\frac{5}{7+5}=10$(份)，没运来的 $24\times\frac{7}{7+5}=14$(份)，第一次运来 9 份，所以第二次运来是 $10-9=1$(份)恰好是 50 块，因此没运来的蜂窝煤有 $50\times14=700$(块).

［**举一反三**］

五(一)班原计划抽$\frac{1}{5}$的人参加大扫除，临时又有 2 个同学主动参加，实际参加扫除的人数是其余人数的$\frac{1}{3}$. 原计划抽多少个同学参加大扫除？

**解析**　又有 2 个同学参加扫除后，实际参加扫除的人数与其余人数的比是 1∶3，实际参加人数比原计划多$\frac{1}{1+3}-\frac{1}{5}=\frac{1}{20}$. 即全班共有 $2\div\frac{1}{20}=40$(人). 原计划抽 $40\times\frac{1}{5}=8$(人)参加大扫除.

［拓展练习］

某校学生参加大扫除的人数是未参加大扫除人数的$\frac{1}{4}$，后来又有 20 名同学参加大扫除，实际参加的人数是未参加人数的$\frac{1}{3}$，这个学校有多少人？

**解析** $20\div\left(\frac{1}{3+1}-\frac{1}{4+1}\right)=400$(人)

**【例 9】** 小莉和小刚分别有一些玻璃球，如果小莉给小刚 24 个，则小莉的玻璃球比小刚少$\frac{3}{7}$；如果小刚给小莉 24 个，则小刚的玻璃球比小莉少$\frac{5}{8}$，小莉和小刚原来共有玻璃球多少个？

**解析** 小莉给小刚 24 个时，小莉是小刚的$\frac{4}{7}\left(=1-\frac{3}{7}\right)$，即两人球数和的$\frac{4}{11}$；小刚给小莉 24 个时，小莉是两人球数和的$\frac{8}{11}\left(=\frac{8}{8+8-5}\right)$，因此 24＋24 是两人球数和的$\frac{8}{11}-\frac{4}{11}=\frac{4}{11}$. 从而和是$(24+24)\div\frac{4}{11}=132$(个).

［举一反三］

1. 某班一次集会，请假人数是出席人数的$\frac{1}{9}$，中途又有一人请假离开，这样一来，请假人数是出席人数的$\frac{3}{22}$，那么，这个班共有多少人？

**解析** 因为总人数未变，以总人数作为 1. 原来请假人数占总人数的$\frac{1}{1+9}$，现在请假人数占总人数的$\frac{3}{3+22}$，这个班共有$1\div\left(\frac{3}{3+22}-\frac{1}{1+9}\right)=50$(人).

2. 小明是从昨天开始看一本书的，昨天读完以后，小明已经读完的页数是还没读的页数$\frac{1}{9}$，他今天比昨天多读了 14 页，这时已经读完的页数是还没读的页数的$\frac{1}{3}$，问这本书共有多少页？

**解析** 首先，可以直接运算得出，第一天小明读了全书的$\frac{\frac{1}{9}}{1+\frac{1}{9}}=\frac{1}{10}$，而前二天小明一共读了全书的$\frac{\frac{1}{3}}{1+\frac{1}{3}}=\frac{1}{4}$，所以第二天比第一天多读的 14 页对应全书的$\frac{1}{4}-\frac{1}{10}\times2=\frac{1}{20}$，整本书一共有$14\div\frac{1}{20}=280$(页). 此外，如果对分数的掌握还不是很熟练，那么这道题可以采用设

份数的方法：把这本书看作 20 份，那么昨天他看了 2 份，而今天他看了 2 份还多 14 页，两天一共看了 4 份还多 14 页；或者可以表示成 $20\div(1+3)=5$(份)，那么每份是 $14\div(5-4)=14$(页)，这本书共 $14\times20=280$(页). 两种方法都可以得到相同的结果.

［**拓展练习**］

某校有学生 465 人，其中女生的$\frac{2}{3}$比男生的$\frac{4}{5}$少 20 人，那么男生比女生少多少人？

**解析**　方法 1：女生的$\frac{2}{3}$比男生的$\frac{4}{5}$少 20 人，$\frac{4}{5}\div\frac{2}{3}=\frac{6}{5}$，$20\div\frac{2}{3}=30$，所以女生比男生的$\frac{6}{5}$少 30 人. 男生人数是$(465+30)\div\left(1+\frac{6}{5}\right)=225$(人)，女生人数是 $225\times\frac{6}{5}-30=240$(人)，男生比女生少 $240-225=15$(人).

方法 2：

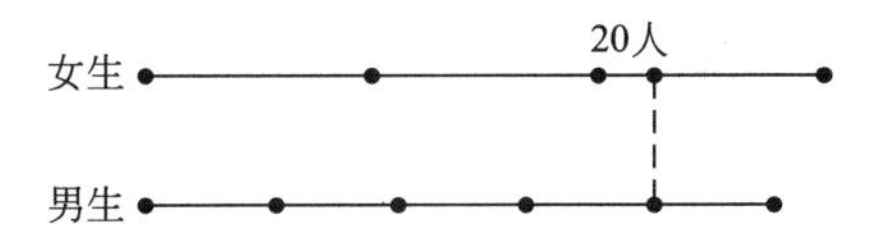


通过画图比较女生的 1 份加 10 人恰好等于男生的两份，因此给每份女生加 10 后，男女生总份数就变为 $3\times2+5=11$ 份，因此每份有$(465+10\times3)\div11=45$(人)，男生有 $45\times5=225$(人)，女生人数是 $465-225=240$(人)，男生比女生少 $240-225=15$(人).

**【例 10】**　某校四年级原有两个班，现在要重新编为三个班，将原一班的$\frac{1}{3}$与原二班的$\frac{1}{4}$组成新一班，将原一班的$\frac{1}{4}$与原二班的$\frac{1}{3}$组成新二班，余下的 30 人组成新三班. 如果新一班的人数比新二班的人数多$\frac{1}{10}$，那么原一班有多少人？

**解析**　新三班人数占原来两班人数之和的 $1-\frac{1}{3}-\frac{1}{4}=\frac{5}{12}$，所以，原来两班总人数为 $30\div\frac{5}{12}=72$(人)，新一班与新二班人数之和为 $72-30=42$(人)，新二班人数是 $42\div\left(1+\frac{1}{10}+1\right)=20$(人)，新一班人数为 $42-20=22$(人)，新一班与新二班人数之差为 $22-20=2$，而新一班与新二班人数之差为(原一班人数－原二班人数)$\times\left(\frac{1}{3}-\frac{1}{4}\right)$，故原一班人数－原二班人数$=2\div\left(\frac{1}{3}-\frac{1}{4}\right)=24$(人)，原一班人数$=(72+24)\div2=48$(人).

［**举一反三**］

1. 某工厂对一、二两个车间的职工进行重组，将原来的一车间人数的$\frac{1}{2}$和二车间人数的$\frac{1}{3}$分到一车间，将原来的一车间人数的$\frac{1}{3}$和二车间人数的$\frac{1}{2}$分到二车间，两个车间剩余的 140 人组成劳动服务公司，现在二车间人数比一车间人数多$\frac{1}{17}$，现在一车间有多少人，二车间有多少人？

**解析** 由"将原来的一车间人数的$\frac{1}{2}$和二车间人数的$\frac{1}{3}$分到一车间，将原来的一车间人数的$\frac{1}{3}$和二车间人数的$\frac{1}{2}$分到二车间"可知，现在一、二两车间的人数之和为总人数的$\frac{1}{2}+\frac{1}{3}=\frac{5}{6}$，所以劳动服务公司的140人占总人数的$1-\frac{5}{6}=\frac{1}{6}$，那么总人数为$140\div\frac{1}{6}=840$(人)，现在一、二两车间的人数之和为$840\times\frac{5}{6}=700$(人). 由于现在二车间人数比一车间人数多$\frac{1}{17}$，所以现在一车间人数为$700\div\left(1+1+\frac{1}{17}\right)=340$(人)，现在二车间人数为$700-340=360$(人). 提示：可以继续求出原来一车间和二车间的人数. 由于现在二车间比一车间多20人，所以原来二车间人数的$\frac{1}{2}-\frac{1}{3}=\frac{1}{6}$比一车间人数的$\frac{1}{6}$多20人，那么原来二车间人数比乙车间人数多$20\div\frac{1}{6}=120$(人)，原来一车间有$(840-120)\div2=360$(人)，原来二车间有$360+120=480$(人).

2. 林林倒满一杯纯牛奶，第一次喝了$\frac{1}{3}$，然后加入豆浆，将杯子斟满并搅拌均匀，第二次林林又喝了$\frac{1}{3}$，继续用豆浆将杯子斟满并搅拌均匀，重复上述过程，那么第四次后，林林共喝了一杯纯牛奶总量的多少？(用分数表示)

**解析** 大家要先分析清楚的不论是否加入豆浆，每次喝到的都是杯子里剩下牛奶的$\frac{1}{3}$，要是能想清楚这一点那么这道题就变了一道找规律的问题了.

| 次数 | 喝掉的牛奶 | 剩下的牛奶 |
|---|---|---|
| 第一次 | $\frac{1}{3}$ | $1-\frac{1}{3}=\frac{2}{3}$ |
| 第二次 | $\frac{2}{3}\times\frac{1}{3}=\frac{2}{9}$<br>(喝掉剩下$\frac{4}{9}$的$\frac{1}{3}$) | $\frac{2}{3}\times\frac{2}{3}=\frac{4}{9}$<br>(剩下是第一次剩下$\frac{2}{3}$的$\frac{2}{3}$) |
| 第三次 | $\frac{4}{9}\times\frac{1}{3}=\frac{4}{27}$<br>(喝掉剩下$\frac{4}{9}$的$\frac{1}{3}$) | $\frac{4}{9}\times\frac{2}{3}=\frac{8}{27}$<br>(剩下是第一次剩下$\frac{4}{9}$的$\frac{2}{3}$) |
| 第四次 | $\frac{8}{27}\times\frac{1}{3}=\frac{8}{81}$(喝掉剩下的$\frac{8}{27}$的$\frac{1}{3}$) | |

所以最后喝掉的牛奶为$\frac{1}{3}+\frac{2}{9}+\frac{4}{27}+\frac{8}{81}=\frac{65}{81}$

[拓展练习]

参加迎春杯数学竞赛的人数共有 2 000 多人. 其中光明区占$\frac{1}{3}$,中心区占$\frac{2}{7}$,朝阳区占$\frac{1}{5}$,剩余的全是远郊区的学生. 比赛结果,光明区有$\frac{1}{24}$的学生得奖,中心区有$\frac{1}{16}$的学生得奖,朝阳区有$\frac{1}{18}$的学生得奖,全部获奖者的$\frac{1}{7}$是远郊区的学生. 那么参赛学生有多少名? 获奖学生有多少名?

**解析** 如下表所示,将题中所给的条件列在表格内.

| | 光明区 | 中心区 | 朝阳区 | 远郊区 |
|---|---|---|---|---|
| 参赛学生占参赛总数 | $\frac{1}{3}$ | $\frac{2}{7}$ | $\frac{1}{5}$ | |
| 获奖学生占本区参赛学生总数 | $\frac{1}{24}$ | $\frac{1}{16}$ | $\frac{1}{18}$ | |
| 获奖学生占全部获奖总数 | | | | $\frac{1}{7}$ |

有远郊区参赛的占参赛总数的 $1-\frac{1}{3}-\frac{2}{7}-\frac{1}{5}=\frac{19}{105}$,而光明区、中心区、朝阳区获奖学生数占参赛总数的$\frac{1}{3}\times\frac{1}{24}=\frac{1}{72}$,$\frac{2}{7}\times\frac{1}{16}=\frac{1}{56}$,$\frac{1}{5}\times\frac{1}{18}=\frac{1}{90}$. 所以有参赛学生数是 3、7、5、72、56、90 的倍数,即为 2 520 的倍数,而参赛学生总数只有 2 000 多人,所以只能是 2 520. 光明区、中心区、朝阳区获奖学生共 $35+45+28=108$ 人,占获奖总数的 $1-\frac{1}{7}=\frac{6}{7}$,所以获奖学生总数为 $108\div\frac{6}{7}=126$. 即参赛学生有 2 520 名,获奖学生有 126 名.

各区参赛学生数和获奖学生数如下表所示.

| | 光明区 | 中心区 | 朝阳区 | 远郊区 |
|---|---|---|---|---|
| 参赛学生数 | 840 | 720 | 504 | 456 |
| 获奖学生数 | 35 | 45 | 28 | 18 |

**【例 11】** 一炉铁水凝成铁块,其体积缩小了$\frac{1}{34}$,那么这个铁块又熔化成铁水(不计损耗),其中体积增加了几分之几?

**解析** 方法 1:设铁水的体积为 1,则铁块为 $1-\frac{1}{34}=\frac{33}{34}$. 现在变回来,那么铁块的体积就要变为单位 1,则铁水的体积就为 $1\div\frac{33}{34}=\frac{34}{33}$,故体积增加了:$\left(\frac{34}{33}-1\right)\div 1=\frac{1}{33}$.

方法 2:体积缩小是铁块比铁水缩小,所以可以设铁水为 34 份,则铁块为 33 份,铁块又熔化成铁水,体积增加是比铁块增加,所以用差的 1 份除以铁块的 33 份就是答案$\frac{1}{33}$.

[举一反三]

1. 水结成冰后体积增大它的$\frac{1}{10}$.问:冰化成水后体积减小它的几分之几?

**解析** 设水的体积是10份,则结成冰后体积为11份,冰化成水后比冰减小$1\div11=\frac{1}{11}$.

2. 在下降的电梯中称重,显示的质量比实际体重减少$\frac{1}{7}$;在上升的电梯中称重,显示的质量比实际体重增加$\frac{1}{6}$.小明在下降的电梯中与小刚在上升的电梯中称得的体重相同,小明和小刚实际体重的比是多少?

**解析** 小明在下降的电梯中称得的体重为其实际体重的$\frac{6}{7}$,小刚在上升的电梯中称得的体重为其实际体重的$\frac{7}{6}$,而小明在下降的电梯中与小刚在上升的电梯中称得的体重相同,所以小明和小刚实际体重的比是$\left(1\div\frac{6}{7}\right):\left(1\div\frac{7}{6}\right)=49:36$.

3. 某工厂二月份比一月份增产$\frac{1}{10}$,三月份比二月份减产$\frac{1}{10}$.问三月份比一月份增产了还是减产了?

**解析** 工厂二月份比一月份增产$\frac{1}{10}$,将一月份产量看作1,则二月份产量为$1\times\left(1+\frac{1}{10}\right)=\frac{11}{10}$,三月比二月减产$\frac{1}{10}$,则三月份产量为$\frac{11}{10}\times\left(1-\frac{1}{10}\right)=\frac{99}{100}<1$,所以三月份比一月份减产了.

[拓展练习]

一件商品先涨价$\frac{1}{5}$,然后再降价$\frac{1}{5}$,问现在的价格和原价格比较升高、降低还是不变?

**解析** $1\times\left(1+\frac{1}{5}\right)\times\left(1-\frac{1}{5}\right)=0.96<1$,所以现在的价格比原价降低了.

**【例12】** 如图1所示,线段$MN$将矩形纸分成面积相等的两部分.沿$MN$将这张矩形纸对折后得到图2,将图2沿对称轴对折后得到图3,已知图3所覆盖的面积占矩形纸面积的$\frac{3}{10}$,阴影部分面积为6平方厘米.矩形纸的面积是多少?

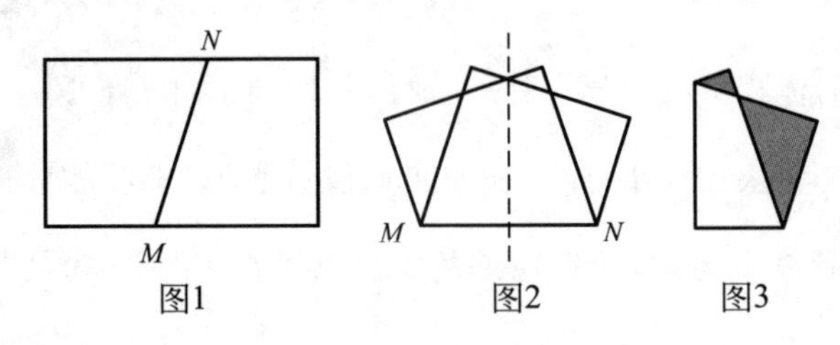

图1 图2 图3

**解析**　如图 3 所示，阴影部分是 2 层，空白部分是 4 层，如果将阴影部分缩小一半，即变为 3 平方厘米，那么阴影部分也变成 4 层，此时覆盖面的面积占矩形纸面积的$\frac{1}{4}$，即缩小的 3 平方厘米相当于矩形纸面积的$\left(\frac{3}{10}-\frac{1}{4}\right)$，所以矩形纸面积为 $3\div\left(\frac{3}{10}-\frac{1}{4}\right)=60$(平方厘米).

[**举一反三**]

某小学六年级有三个班，一班和二班人数相等，三班的人数是全年级总人数的$\frac{7}{20}$，并且比一班多 3 人，六年级共有多少人？

**解析**　根据条件"三班的人数占全年级的$\frac{7}{20}$，并且比二班多 3 人"可知一班、二班都比全年级的$\frac{7}{20}$少 3 人，假设一班、二班都占全年级的$\frac{7}{20}$，那么将比实际人数多出 $3\times2=6$ 人，比单位 1 多出$\left(\frac{7}{20}+\frac{7}{20}+\frac{7}{20}-1\right)$，两个数量正好对应. 因此全年级的人数为 $3\times2\div\left(\frac{7}{20}+\frac{7}{20}+\frac{7}{20}-1\right)=120$(人)，六年级共有 120 人.

[**拓展练习**]

有三堆棋子，每堆棋子数一样多，并且都只有黑、白两色棋子. 第一堆里的黑子和第二堆里的白子一样多，第三堆里的黑子占全部黑子的$\frac{2}{5}$，把这三堆棋子集中在一起，问白子占全部棋子的几分之几？

**解析**　不妨认为第二堆全是黑子，第一堆全是白子(即将第一堆黑子与第二堆白子互换)，第二堆黑子是全部棋子的$\frac{1}{3}$，同时，又是黑子的 $1-\frac{2}{5}$. 所以黑子占全部棋子的$\frac{1}{3}\div\left(1-\frac{2}{5}\right)=\frac{5}{9}$，白子占全部棋子的 $1-\frac{5}{9}=\frac{4}{9}$.

## 练习题

1. 有红、黄、白三种球共 160 个. 如果取出红球的$\frac{1}{3}$，黄球的$\frac{1}{4}$，白球的$\frac{1}{5}$，则还剩 120 个；如果取出红球的$\frac{1}{5}$，黄球的$\frac{1}{4}$，白球的$\frac{1}{3}$，则剩 116 个. 问：(1)原有黄球几个？(2)原有红球、白球各有几个？

2. 有一块菜地和一块稻田，菜地的一半和稻田的 1/3 放在一起是 13 公顷，稻田的一半和菜地的 1/3 合在一起是 12 公顷. 那么这块稻田有多少公顷？

3. 学校派出 60 名选手参加数学邀请赛，其中女选手占$\frac{1}{4}$. 正式比赛时有几名女选手因故缺席，这样就使女选手人数变为参赛选手总数的$\frac{2}{11}$. 正式参赛的女选手有多少名？

4. 四只小猴吃桃，第一只小猴吃的是另外三只吃的总数的$\frac{1}{3}$，第二只小猴吃的是另外三只吃的总数的$\frac{1}{4}$，第三只小猴吃的是另外三只吃的总数的$\frac{1}{5}$，第四只小猴将剩下的 46 个桃全吃了. 问四只小猴共吃了多少个桃？

5. 五年级选出男生的$\frac{1}{11}$和 12 名女生参加数学竞赛，剩下的男生人数是女生的 2 倍. 已知五年级共有学生 156 人，其中男生有多少人？

6. 甲、乙两个书架，已知甲书架有 600 本书，从甲书架借出$\frac{1}{3}$，从乙书架借出 75%以后，甲书架是乙书架的 2 倍还多 150 本，乙书架原有多少本书？

7. 甲、乙两人共有苹果 100 千克，甲苹果质量的$\frac{3}{4}$比乙苹果质量的$\frac{5}{6}$少 1 千克，乙有苹果多少千克？

8. 一堆围棋子，黑子的个数是白子的 3 倍，每次拿 5 枚黑子，2 枚白子，拿了若干次后，白子拿完，还剩 11 枚黑子. 这堆棋子中共有白子多少枚？

9. 某公司有$\frac{1}{5}$的职员参加新产品的开发工作，后来又有 2 名职工主动参加，这样参加新产品开发的职工人数是其余人数的$\frac{1}{3}$，原来有多少职工参加开发工作？

10. 兄弟四人去买电视，老大带的钱是另外三人的一半，老二带的钱是另外三人的$\frac{1}{3}$，老三带的钱是另外三人总钱数的$\frac{1}{4}$，老四带 91 元，兄弟四人一共带了多少钱？

## 教学策略

教师应从学生熟悉的生活情景入手，设置一个个有关分数的问题引发学生的认知冲突，进而更深入地进行思考，从而引发学生对知识的需求，激发学生的探究兴趣.

分数应用题的教学是小学数学教学的重要内容之一，其数量关系比较复杂，解题方法难于确定，是教学的难点. 故此，在引导学生探究这部分知识时必须加强以下基础训练，以化解难点，寻到最佳的解题方法，提高解决问题的能力.

1. 说的训练

“分数的意义”是引导学生探究分数应用题的起点，而“一个数乘分数的意义”则是解答分数乘除法应用题的依据.故此,在教学分数乘除法时,应强化以“说”促“思”的训练.

2. 找的训练

正确地找准单位“1”和“分率”相对应的数量是解决分数除法应用题的关键.因此,在平时的教学中,要有意识地训练学生迅速、准确地找出单位“1”的量和“分率”相对应的量.

进行这样的训练,也许教学刚开始学生会觉得有些吃力,但不过几节课,学生就获得了一种解决问题能力和策略技巧.从而找到解决问题的突破口,更乐于学习探究数学.

# 第六讲　盈 亏 问 题

盈亏问题的特点是问题中每一同类量都要出现两种不同的情况.分配不足时称之为“亏”，分配有余时称之为“盈”.还有些实际问题，是把一定数量的物品平均分给一定数量的人时，如果每人少分，则物品就有余(也就是盈)，如果每人多分，则物品就不足(也就是亏).凡研究这一类算法的应用题叫做“盈亏问题”.

盈亏问题的基本关系式：

(盈＋亏)÷两次分得之差＝人数或单位数

(盈－盈)÷两次分得之差＝人数或单位数

(亏－亏)÷两次分得之差＝人数或单位数

物品数可由其中一种分法和人数求出.也有的问题两次都有余或两次都不足，不管哪种情况，都是属于按两个数的差求未知数的“盈亏问题”.应注意条件转换和关系互换.

## 板块一　直接计算型盈亏问题

**【例 1】**　三年级一班少先队员参加学校搬砖劳动.如果每人搬 4 块砖，还剩 7 块砖；如果每人搬 5 块砖，则少 2 块砖.这个班少先队员有几个人？要搬的砖共有多少块？

**解析**　比较两种搬砖法中各个量之间的关系：每人搬 4 块砖，还剩 7 块砖；每人搬 5 块砖，就少 2 块砖.这两次搬砖，每人相差 $5-4=1$(块).第一种余 7 块，第二种少 2 块，那么第二次与第一次总共相差砖数：$7+2=9$(块)，每人相差 1 块，结果总数就相差 9 块，所以有少先队员 $9\div1=9$(人).共有砖：$4\times9+7=43$(块).

[举一反三]

明明过生日，同学们去给他买蛋糕，如果每人出 8 元，就多出了 8 元；每人出 7 元，就多出了 4 元. 那么有多少个同学去买蛋糕？这个蛋糕的价钱是多少？

**解析** “多 8 元”与“多 4 元”两者相差 8－4＝4(元)，每个人要多出 8－7＝1(元)，因此就知道，共有 4÷1＝4(人)，蛋糕价钱是 8×4－8＝24(元).

[拓展练习]

老猴子给小猴子分桃，每只小猴子分 10 个桃，就多出 9 个桃；每只小猴子分 11 个桃，则多出 2 个桃，那么一共有多少只小猴子？老猴子一共有多少个桃子？

**解析** 老猴子的第一种方案盈 9 个桃子，第二种方案盈 2 个桃子，所以盈亏总和是 9－2＝7(个)，两次分配之差是 11－10＝1(个)，由盈亏问题公式得，有小猴子：7÷1＝7(只)，老猴子有 7×10＋9＝79(个)桃子.

**【例 2】** 猴王带领一群猴子去摘桃. 下午收工后，猴王开始分配. 若大猴分 5 个，小猴分 3 个，猴王可留 10 个. 若大、小猴都分 4 个，猴王能留下 20 个. 在这群猴子中，大猴(不包括猴王)比小猴多多少只.

**解析** 当大猴分 5 个，小猴分 3 个时，猴王可留 10 个. 若大、小猴都分 4 个，猴王能留下 20 个. 也就是说在大猴分 5 个、小猴分 3 个后，每只大猴都拿出 1 个，分给每只小猴 1 个后，还剩下 20－10＝10(个)，所以大猴比小猴多 10 只.

[举一反三]

学而思学校新买来一批书，将它们分给几位老师，如果每人发 10 本，还差 9 本，每人发 9 本，还差 2 本，请问有多少老师？多少本书？

**解析** “差 9 本”和“差 2 本”两者相差 9－2＝7(本)，每个人要多发 10－9＝1(本)，因此就知道，共有老师 7÷1＝7(人)，书有 7×10－9＝61(本).

[拓展练习]

幼儿园给获奖的小朋友发糖，如果每人发 6 块就少 12 块，如果每人发 9 块就少 24 块，总共有多少块糖？

**解析** 由题意知：两次的分配结果相差 24－12＝12(块)，这是因为第一次与第二次分配中每人相差 9－6＝3(块)，多少人相差 12 块呢？12÷3＝4(人)，糖果数是：6×4－12＝12(块)(或 9×4－24＝12).

**【例 3】** 某校安排学生宿舍，如果每间住 5 人则有 14 人没有床位；如果每间住 7 人，则多出 4 个床位，问宿舍几间？住宿生几人？

**解析** 由已知条件每间住 5 人少 14 个床位，每间住 7 人多 4 个床位，比较两次分配的方案，可以看出，由于第二种方案比第一种每间多住(7－5)＝2(人)，一共要多出(14＋4)＝18(个)床位，根据两种方案每间住的人数的差和床位差，可以求出宿舍间数，然后根据已知条件可求出住宿生人数.

$(14+4)\div(7-5)=9$(间)

$5\times9+14=59$(人),或 $7\times9-4=59$(人)

[**举一反三**]

学校有30间宿舍,大宿舍每间住6人,小宿舍每间住4人.已知这些宿舍中共住了168人,那么其中有多少间大宿舍?

**解析** 如果30间都是小宿舍,那么只能住 $4\times30=120$(人),而实际上住了168人.大宿舍比小宿舍每间多住 $6-4=2$(人),所以大宿舍有 $(168-120)\div2=24$(间).(这是一个鸡兔同笼问题,放在这里做对比)

[**拓展练习**]

智康学校三年级精英班的一部分同学分糖果,如果每人分4粒就多9粒,如果每人分5粒则少6粒,问:有多少位同学分多少粒糖果?

**解析** 由题目条件可知,同学的人数与糖果的粒数不变.比较两种分配方案,第一种每人分4粒就多9粒,第二种每人分5粒则少6粒,两种不同方案一多一少差 $9+6=15$(粒),相差原因在于两种方案分配数不同,两次分配数之差为:$5-4=1$(粒),每人相差一粒,15人相差15粒,所以参与分糖果的同学的人数是 $15\div1=15$(位),糖果的粒数为 $4\times15+9=69$(粒).

## 板块二　条件关系转换型盈亏问题

**【例4】** 猫妈妈给小猫分鱼,每只小猫分10条鱼,就多出8条鱼,每只小猫分11条鱼则正好分完,那么一共有多少只小猫?猫妈妈一共有多少条鱼?

**解析** 猫妈妈的第一种方案盈8条鱼,第二种方案不盈不亏,所以盈亏总和是8条,两次分配之差是 $11-10=1$(条),由盈亏问题公式得,有小猫 $8\div1=8$(只),猫妈妈有 $8\times10+8=88$(条)鱼.

[**举一反三**]

学而思学校三年级基础班的一部分同学分小玩具,如果每人分4个就少9个,如果每人分3个正好分完,问:有多少位同学分多少个小玩具?

**解析** 第一种分配方案亏9个小玩具,第二种方案不盈不亏,所以盈亏总和是9个,两次分配之差是 $4-3=1$(个),由盈亏问题公式得,参与分玩具的同学有 $9\div1=9$(人),有小玩具 $9\times3=27$(个).

[**拓展练习**]

学而思学校买来一批小足球分给各班:如果每班分4个,就差66个,如果每班分2个,则正好分完,学而思小学一共有多少个班?买来多少个足球?

**解析** 第一种分配方案亏66个球,第二种方案不盈不亏,所以盈亏总和是66个,两次分

配之差是 $4-2=2$(个)，由盈亏问题公式得，学而思学校有 $66\div2=33$(个)班，买来足球 $33\times2=66$(个).

**【例 5】** 甲、乙两人各买了相同数量的信封与相同数量的信纸，甲每封信用 2 张信纸，乙每封信用 3 张信纸，一段时间后，甲用完了所有的信封还剩下 20 张信纸，乙用完所有信纸还剩下 10 个信封，则他们每人各买了多少张信纸？

**解析**　由题意，如果乙用完所有的信封，那么缺 30 张信纸. 这是盈亏问题，盈亏总额为 $(20+30)$张信纸，两次分配的差为$(3-2)$张信纸，所以有信封$(20+30)\div(3-2)=50$(个)，有信纸 $2\times50+20=120$(张).

［**举一反三**］

实验小学学生乘车去春游，如果每辆车坐 60 人，则有 15 人上不了车；如果每辆车多坐 5 人，恰好多出一辆车. 问一共有几辆车，多少个学生？

**解析**　每辆车坐 60 人，则多余 15 人，每辆车坐 $60+5=65$(人)，则多出一辆车，也就是差 65 人. 因此车辆数目为$(65+15)\div5=80\div5=16$(辆).

学生人数为 $60\times(16-1)+15=60\times15+15=900+15=915$(人).

［**拓展练习**］

一位老师给学生分糖果，如果每人分 4 粒就多 9 粒，如果每人分 5 粒正好分完，问：有多少位学生？共多少粒糖果？

**解析**　第一种分配方案盈 9 粒糖，第二种方案不盈不亏，所以盈亏总和是 9 粒，两次分配之差是 $5-4=1$(粒)，由盈亏问题公式得，参与分糖的同学有 $9\div1=9$(人)，有糖果 $9\times5=45$(粒).

**【例 6】** 幼儿园将一筐苹果分给小朋友，如果全部分给大班的小朋友，每人分 5 个，则余下 10 个. 如全部分给小班的小朋友，每人分到 8 个，则缺 2 个. 已知大班比小班多 3 人，问：这筐苹果共有多少个？

**解析**　先把大班人数和小班人数转化为一样. 大班减少 3 人，则苹果收回 $3\times5=15$ 个，人数一样，根据盈亏问题公式，小班人数为$(15+10+2)\div(8-5)=9$(人)，苹果总数是 $8\times9-2=70$(个).

［**举一反三**］

幼儿园把一袋糖果分给小朋友. 如果分给大班的小朋友，每人 5 粒就缺 6 粒. 如果分给小班的小朋友，每人 4 粒就余 4 粒. 已知大班比小班少 2 个小朋友，这袋糖果共有多少粒？

**解析**　如果大班增加 2 个小朋友，大、小班人数就相等了，变为"每人 5 粒缺 16 粒，每人 4 粒多 4 粒"的盈亏问题. 小班有$(16+4)\div(5-4)=20$(人). 这袋糖果有 $4\times20+4=84$(粒).

**【例 7】** 有一些糖，每人分 5 块则多 10 块，如果现有人数增加到原有人数的 1.5 倍，那么每人 4 块就少两块，这些糖共有多少块？

**解析** 第一次每人分 5 块,第二次每人分 4 块,可以认为原有的人每人拿出 $5-4=1$(块)糖分给新增加的人,而新增加的人刚好是原来的一半,这样新增加的人每人可分到 2 块糖果,这些人每人还差 $4-2=2$(块),一共差了 $10+2=12$(块),所以新增加了 $12\div2=6$(人),原有 $6\times2=12$(人).糖果数为 $12\times5+10=70$(块).

[**举一反三**]

卧龙自然保护区管理员把一些竹子分给若干只大熊猫,每只大熊猫分 5 根还多余 10 根竹子,如果大熊猫数增加到 3 倍还少 5 只,那么每只大熊猫分 2 根竹子还缺少 8 根竹子,问有大熊猫多少只,竹子多少根?

**解析** 使同学们感到困难的是条件"3 倍还少 5 只大熊猫".先要转化这一条件,假设还有 10 根竹子,$10=2\times5$,就可以多有 5 个大熊猫,把"少 5 只大熊猫"这一条件暂时搁置一边,只考虑 3 倍大熊猫数,也相当于按原大熊猫数每只大熊猫给 $2\times3=6$(根)竹子,每只大熊猫给 5 根与给 6 根,总数相差 $10+10+8=28$(根),所以原有大熊猫数 $28\div(6-5)=28$(只),竹子总数是 $5\times28+10=150$(根).

[**拓展练习**]

体育队将一些羽毛球分给若干人,每人 5 个还多余 10 个羽毛球,如果人数增加到 3 倍,那么每人分 2 个还缺少 8 个羽毛球,问有羽毛球多少个?

**解析** 考虑人数增加 3 倍后,相当于按原人数每人给 $2\times3=6$(个),每人给 5 个与给 6 个,总数相差 $10+8=18$ (个),所以原有人数 $18\div(6-5)=18$(人),乒乓球总数是 $5\times18+10=100$(个).

**【例 8】** 王老师给小朋友分苹果和橘子,苹果数是橘子数的 2 倍.橘子每人分 3 个,多 4 个;苹果每人分 7 个,少 5 个.问有多少个小朋友?多少个苹果和橘子?

**解析** 因为橘子每人分 3 个多 4 个,而苹果是橘子的 2 倍,因此苹果每人分 6 个就多 8 个.又已知苹果每人分 7 个少 5 个,所以应有 $(8+5)\div(6-5)=13$(人).

苹果个数:$13\times7-5=86$(个)

橘子个数:$13\times3+4=43$(个)

答:有 13 个小朋友,86 个苹果和 43 个橘子.

[**举一反三**]

学而思学校买来一批体育用品,羽毛球拍是乒乓球拍的 2 倍,分给同学们,每组分乒乓球拍 5 副,余乒乓球拍 15 副,每组分羽毛球拍 14 副,则差 30 副,问:学而思学校买来羽毛球拍、乒乓球拍各多少副?

**解析** 因为羽毛球拍是乒乓球拍的 2 倍,如果每次分羽毛球拍 $5\times2=10$(副),最后应余下 $15\times2=30$(副),因为 $14-5\times2=4$(副),分到最后还差 30 副,所以比每次分 10 副总共差 $30+30=60$(副),所以有小组 $60\div4=15$(组),乒乓球拍有 $5\times15+15=90$(副),羽毛球拍有 $90\times2=180$(副).

［**拓展练习**］

秋天到了，小白兔收获了一筐萝卜，它按照计划吃的天数算了一下，如果每天吃 4 个，要多出 48 个萝卜；如果每天吃 6 个，则又少 8 个萝卜．那么小白兔买回的萝卜有多少个？计划吃多少天？

**解析**　题中告诉我们每天吃 4 个，多出 48 个萝卜；每天吃 6 个，少 8 个萝卜．观察每天吃的个数与萝卜剩余个数的变化就能看出，由每天吃 4 个变为每天吃 6 个，也就是每天多吃 2 个时，萝卜从多出 48 个到少 8 个，也就是所需的萝卜总数要相差 $48+8=56$（个）．从这个对应的变化中可以看出，只要求 56 里面含有多少个 2，就是所求的计划吃的天数；有了计划吃的天数，就不难求出共有多少个萝卜了．吃的天数：$(48+8)\div(6-4)=56\div2=28$（天），萝卜数：$6\times28-8=160$（个）或 $4\times28+48=160$（个）．

**【例 9】**　用一根长绳测量井的深度，如果绳子两折时，多 5 米；如果绳子 3 折时，差 4 米．求绳子长度和井深．

**解析**　井的深度为 $(5\times2+4\times3)\div(3-2)=22\div1=22$（米）．

绳子长度为 $(22+5)\times2=27\times2=54$（米），或者 $(22-4)\times3=18\times3=54$（米）．

［**举一反三**］

乐乐有一个储蓄筒，存放的都是硬币，其中 2 分币比 5 分币多 22 个；按钱数算，5 分币却比 2 分币多 4 角；另外，还有 36 个 1 分币．乐乐共存了多少钱？

**解析**　假设去掉 22 个 2 分币，那么按钱数算，5 分币比 2 分币多 8 角 4 分，一个 5 分币比一个 2 分币多 3 分，所以 5 分币有 $84\div(5-2)=28$（个）；2 分币有 $28+22=50$（个）．

所以乐乐共存钱 $5\times28+2\times50+1\times36=140+100+36=276$（分）．

［**拓展练习**］

智康小合唱队的同学到会议室开会，若每条长椅上坐 3 人则多出 9 人，若每条长椅上坐 4 人则多出 3 人．问：合唱队有多少人？

**解析**　“多 9 人”与“多 3 人”两者相差 $9-3=6$（人），每条长椅要多座 $4-3=1$（人），因此就知道，共有 $6\div1=6$（条）长椅，人数是 $6\times3+9=27$（人）．

**【例 10】**　阳光小学学生乘汽车春游．如果每车坐 65 人，则有 5 人不能乘上车；如果每车多坐 5 人，恰多余了一辆车，问一共有几辆汽车，有多少学生？

**解析**　每车多坐 5 人，实际是每车可坐 $5+65=70$（人），恰好多余了一辆车，也就是还差一辆汽车的人，即 70 人．因而原问题转化为：如果每车坐 65 人，则多出 5 人无车乘坐；如果每车坐 70 人，还少 70 人，求有多少人和多少辆车？车数是 $(5+5+65)\div5=15$（辆），人数是 $65\times15+5=980$（人）或 $(5+65)\times(15-1)=980$（人）．

［**举一反三**］

幸福小学少先队的同学到会议室开会，若每条长椅上坐 3 人则多出 7 人，若每条长椅上多坐 4 人则多出 3 条长椅. 问:到会议室开会的少先队员有多少人?

**解析** 第二个条件可转化为:“每条长椅上坐 7 个人,则少 21 个人”,“多 7 人”与“少 21 人”两者相差 7+21=28(人),每条长椅要多坐 7-3=4(人),因此就知道,共有 28÷4=7(条)长椅,人数是 7×3+7=28(人).

[**拓展练习**]

少先队员去植树,如果每人挖 5 个树坑,还有 3 个树坑没人挖;如果其中两人各挖 4 个树坑,其余每人挖 6 个树坑,就恰好挖完所有的树坑. 请问,共有多少名少先队员? 共挖了多少树坑?

**解析** 这是一个典型的盈亏问题,关键在于要将第二句话“如果其中两人各挖 4 个树坑,其余每人挖 6 个树坑,就恰好挖完所有的树坑”统一一下. 即:应该统一成每人挖 6 个树坑,形成统一的标准. 那么它就相当于每人挖 6 个树坑,就要差(6-4)×2=4 个树坑. 这样,盈亏总数就是 3+4=7,所以,有少先队员 7/(6-5)=7(名),共挖了 5×7+3=38(个)坑. 盈亏总数等于 3+(6-4)×2=7,少先队员有 7/(6-5)=7(名),共挖了 5×7+3=38(个)树坑.

**【例 11】** 学校为新生分配宿舍. 每个房间住 3 人,则多出 23 人;每个房间住 5 人,则空出 3 个房间. 问宿舍有多少间? 新生有多少人?

**解析** 每个房间住 3 人,则多出 23 人,每个房间住 5 人,就空出 3 个房间,这 3 个房间如果住满人应该是 5×3=15(人),由此可见,每一个房间增加 5-3=2(人). 两次安排人数总共相差 23+15=38(人),因此,房间总数是 38÷2=19(间),学生总数是 3×19+23=80(人),或者 5×19-5×3=80(人).

[**举一反三**]

学校为新生分配宿舍. 每个房间住 3 人,则多出 22 人;每个房间多住 5 人,则空 1 个房间. 问宿舍有多少间? 新生有多少人?

**解析** 每个房间住 3 人,则多出 22 人,每个房间多住 5 人,意味着就是每个房间住 8 个人,则空出 1 个房间,这 1 个房间如果住满人应该是 1×8=8(人),由此可见,每一个房间增加 8-3=5(人). 两次安排人数总共相差 22+8=30(人),因此,房间总数是 30÷5=6(间),学生总数是 3×6+22=40(人).

[**拓展练习**]

军队分配宿舍,如果每间住 3 人,则多出 20 人;如果每间住 6 人,余下 2 人可以每人各住一个房间,现在每间住 10 人,可以空出多少个房间?

**解析** 每间住 6 人,余下 2 人可以每人各住一个房间,说明多出两个房间,同时多出两个人,即两次分配方案人数相差 20+6×2-2=30(人),每间房间相差 6-3=3(人),所以共有房间 30÷3=10(间),一共有 3×10+20=50(人),即可以空出 10-50÷10=5(间)房间.

【例 12】　国庆节快到了，学而思学校的少先队员去摆花盆．如果每人摆 5 盆花，还有 3 盆没人摆；如果其中 2 人各摆 4 盆，其余的人各摆 6 盆，这些花盆正好摆完．问有多少少先队员参加摆花盆活动，一共摆多少花盆？

**解析**　这是一道有难度的盈亏问题，主要难在对第二个已知条件的理解上：如果其中 2 人各摆 4 盆，其余的人各摆 6 盆，这些花盆正好摆完，这组条件中包含着两种摆花盆的情况——2 人各摆 4 盆，其余的人各摆 6 盆．如果我们把它统一成一种情况，让每人都摆 6 盆，那么，就可以多摆(6－4)×2＝4(盆)．因此，原问题就转化为：如果每人各摆 5 盆花，还有 3 盆没人摆；如果每人摆 6 盆花，还缺 4 盆．问有多少少先队员，一共摆多少花盆？

人数：[3＋(6－4)×2]÷(6－5)＝7(人)

盆数：5×7＋3＝38(盆)或 6×7－4＝38(盆)

[举一反三]

妈妈买来一篮橘子分给全家人，如果其中两人分 4 个，其余人每人分 2 个，则多出 4 个；如果其中一人分 6 个，其余人每人分 4 个，则缺少 12 个，妈妈买来橘子多少个？全家共有多少人？

**解析**　由“其中两人分 4 个，其余每人分 2 个，则多出 4 个”转化为全家每人都分 2 个，这分 4 个的两人每人都拿出 2 个，共拿出 4 个，结果就多了 4＋4＝8(个)；由“一人分 6 个，其余每人分 4 个，则缺少 12 个”转化为全家每人都分 4 个，分 6 个的人拿出 2 个，结果就少了 12－2＝10(个)，转变成了盈亏问题的一般类型，则：

全家的人数：[4＋2×2＋(12－2)]÷(4－2)＝18÷2＝9(人)

橘子的个数：2×9＋8＝26(个)

【例 13】　四(2)班举行“六一”联欢晚会，辅导员老师带着一笔钱去买糖果．如果买芒果 13 千克，还差 4 元；如果买奶糖 15 千克，则还剩 2 元．已知每千克芒果比奶糖贵 2 元，那么，辅导员老师带了多少元钱．

**解析**　这笔钱买 13 千克芒果还差 4 元，若把这 13 千克芒果换成奶糖就会多出 13×2＝26(元)，所以这笔钱买 13 千克奶糖会多出 26－4＝22(元)．而这笔钱买 15 千克奶糖会多出 2 元，所以每千克奶糖的价格为(22－2)÷(15－13)＝10(元)．辅导老师共带了 10×15＋2＝152(元)．

[举一反三]

小明妈妈带着一笔钱去买肉，若买 10 千克牛肉则还差 6 元，若买 12 千克猪肉则还剩 4 元．已知每千克牛肉比猪肉贵 3 元，问：小明妈妈带了多少钱？

**解析**　因为“每千克牛肉比猪肉贵 3 元”，所以同样买 10 千克猪肉，就剩了 3×10－6＝24(元)，这样化成普通的盈亏问题，猪肉的价钱是(24－4)÷(12－10)＝10(元)，所以小明妈妈带的钱数是 12×10＋4＝124(元)．

[拓展练习]

食堂采购员小李到集贸市场去买肉，如果买牛肉 18 千克，则差 4 元；如果买猪肉 20 千克，则多 2 元. 已知牛肉、猪肉每千克差价 8 角. 问牛肉、猪肉各多少钱一千克？

**解析** 这里有两种肉，思考起来比较困难，能否化为一种肉的问题呢？仔细分析一下已知条件，买牛肉 18 千克差 4 元，而买猪肉 20 千克还多 2 元，说明牛肉贵一些. 每千克贵 8 角，如果 18 千克牛肉换成 18 千克猪肉，就要少花 $8\times18=144$(角)＝14 元 4 角. 这样就会多出 14 元 4 角－4 元＝10 元 4 角. 因此问题就可变为："小李买猪肉 18 千克多余 10 元 4 角，买 20 千克多余 2 元，求猪肉单价和钱数."虽然两次都是盈余，仍属盈亏问题，不过猪肉单价＝两次钱的差÷两次千克量差.

**解** 由已知条件知牛肉比猪肉贵，每千克贵 8 角. 18 千克牛肉比 18 千克猪肉贵 $8\times18=144$(角)＝14 元 4 角.

因此小李若买 18 千克猪肉就会多余 14 元 4 角－4 元＝10 元 4 角.

由已知小李买 20 千克猪肉多余 2 元，所以猪肉每千克价格为

$$(104-20)\div(20-18)=84\div2=42(\text{角})=4\text{ 元 }2\text{ 角}.$$

所以牛肉每千克价格为：4 元 2 角＋8 角＝5 元.

小李带的钱为 $4.2\times20+2=86$(元).

**【例 14】** 小强由家里到学校，如果每分钟走 50 米，上课就要迟到 3 分钟；如果每分钟走 60 米，就可以比上课时间提前 2 分钟到校. 小强家到学校的路程是多少米？

**解析** 迟到 3 分钟转化成米数：$50\times3=150$(米)，提前 2 分钟到校转化成米数：$60\times2=120$(米)，距离上课时间为 $(150+120)\div(60-50)=27$(分钟)，家到学校的路程为 $50\times(27+3)=1\,500$(米).

[举一反三]

东东从家去学校，如果每分走 80 米，结果比上课提前 6 分钟到校，如果每分走 50 米，则要迟到 3 分钟，那么东东家到学校的路程是多少米？

**解析** 这道题看似行程问题，实质却可以用盈亏问题来解. 先求出东东从家到学校路上要用多长时间，根据已知，$(80\times6+50\times3)\div(80-50)=630\div30=21$(分钟)，然后可求东东家离校的路程为 $80\times(21-6)=1\,200$(米).

[拓展练习]

王老师由家里到学校，如果每分钟骑车 500 米，上课就要迟到 3 分钟；如果每分钟骑车 600 米，就可以比上课时间提前 2 分钟到校. 王老师家到学校的路程是多少米？

**解析** 迟到 3 分钟转化成米数：$500\times3=1\,500$(米)，提前两分钟到校转化成米数 $600\times2=1\,200$(米)，王老师家到学校需要 $(1\,500+1\,200)\div(60-50)=270$(分钟)，王老师家到学校的路程 $500\times(270+3)=136\,500$(米).

【例 15】 “六一”儿童节，小明到商店买了一盒花球和一盒白球，两盒内的球的数量相等．花球原价 1 元钱 2 个，白球原价 1 元钱 3 个．因节日商店优惠销售，两种球的售价都是 2 元钱 5 个，结果小明少花了 4 元钱，那么小明共买了多少个球？

**解析** 花球原价 1 元钱 2 个，白球原价 1 元钱 3 个．即花球原价 10 元钱 20 个，白球原价 10 元钱 30 个．那么，同样买花球和白球各 30 个，花球要比白球多花 $10\div2=5$（元），共需要 $30\div2+30\div3=25$（元）．现在两种球的售价都是 2 元钱 5 个，花球和白球各买 30 个需要 $(30\div5)\times2\times2=24$（元），说明花球和白球各买 30 个能省下 $25-24=1$（元）．现在共省了 4 元，说明花球和白球各有 $30\times4=120$（个），共买了 $120\times2=240$（个）．

［**举一反三**］

幼儿园老师买了同样多的巧克力、奶糖和水果糖．她发给每个小朋友 2 块巧克力、7 块奶糖和 8 块水果糖．发完后清点一下，水果糖还剩 15 块，而巧克力恰好是奶糖的 3 倍．那么共有________个小朋友．

**解析** 方法 1：画线段图分析，由题意知：

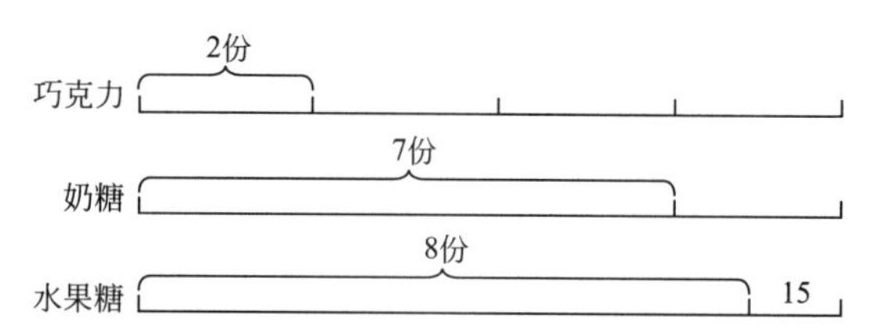


从奶糖的 7 份中取 2 份，那么剩下的 5 份就和上面的 2 小段相等．如图：

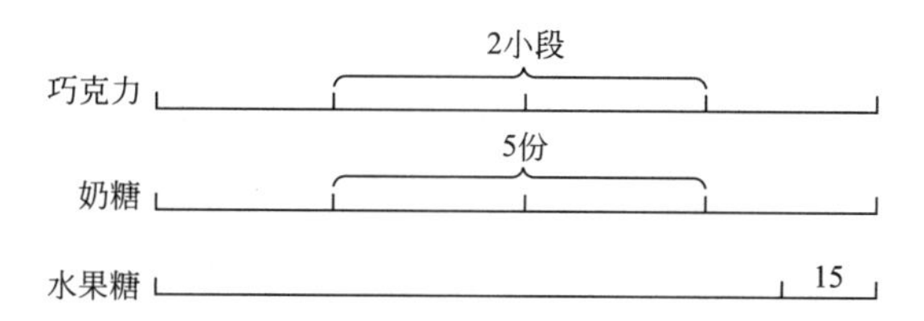


那么 2 小段和 5 份都看成 10 份，那么总量就相当于 19 份，水果糖中原有的 8 份就是现在的 16 份，则剩下的 15 块水果糖就占有 3 份，则 1 份就是 5 块，给小朋友们分出去的水果糖数量是 $16\times5=80$（块），小朋友的人数是 $80\div8=10$（人）．

方法 2：设发完后奶糖剩下 1 份，则巧克力剩下 3 份，而巧克力与奶糖每人分得相差 5 块，对应剩下的糖相差 2 份，水果糖与奶糖每人分得相差 1 块，则对应剩下的糖应相差 $2\div5=0.4$（份），所以水果糖最后应剩下 $1-0.4=0.6$（份），恰是 15 块，所以 1 份对应的是 $15\div0.6=25$，所以应用盈亏问题共有 $(25-15)\div(8-7)=10$（人）．

［**拓展练习**］

学校规定上午 8 时到校，小明去上学，如果每分钟走 60 米，可提早 10 分钟到校；如果每分钟走 50 米，可提早 8 分钟到校，求小明几时几分离家刚好 8 时到校？由家到学校的路程是多少？

**解析** 小明每分钟走 60 米，可提早 10 分钟到校，即到校后还可多走 $60\times10=600$(米)；如果每分钟走 50 米，可提早 8 分钟到校，即到校后还可多走 $50\times8=400$(米)，第一种情况比第二种情况每分钟多走 $60-50=10$(米)，就可以多走 $600-400=200$(米)，从而可以求出小明由家到校所需时间.

10 分钟走多少米？$60\times10=600$(米).

8 分钟走多少米？$50\times8=400$(米).

需要时间：$(600-400)\div(60-50)=20$(分钟)，所以小明 7 时 40 分离家刚好 8 时到校.

由家到校的路程：$60\times(20-10)=600$(米)或 $50\times(20-8)=600$(米).

**【例 16】** 一盒咖啡中有若干袋，一包方糖中有若干块. 小唐喝前两盒咖啡时每袋咖啡都放 3 块方糖，结果共用了 1 包方糖和第 2 包中的 24 块；喝后三盒咖啡时每袋咖啡都只放 1 块方糖，最后第 3 包方糖还剩下 36 块，那么每盒咖啡有多少袋？

**解析** 小唐喝前 2 盒咖啡，每袋放 3 块糖，相当于喝 6 盒咖啡每袋放 1 块糖；小唐喝后 3 盒咖啡，每袋放 1 块糖，所以喝后 3 盒用掉的方糖总量是前 2 盒用掉方糖量的一半.

同时，小唐喝前 2 盒咖啡一共用掉方糖一包又 24 块，喝后 3 盒咖啡用掉方糖一包差 12 块，因此一包又 24 块方糖与两包差 24 块方糖一样多，一包方糖有 $(24+24)\div(2-1)=48$(块).

于是喝前两盒咖啡用掉方糖 $48+24=72$(块)，每盒咖啡的袋数为 $72\div3\div2=12$(袋).

[**举一反三**]

巧克力每盒 9 块，软糖每盒 11 块，要把这两种糖果分发给一些小朋友，每种糖果每人一块，由于又来了一位小朋友，软糖就要增加一盒，两种糖果分发的盒数就一样多，现在又来了一位小朋友，巧克力还要增加一盒，则最后共有多少个小朋友？

**解析** 新来了一位小朋友，就要增加一盒软糖，说明在此之前，软糖应该是刚好分完几整盒，所以原来的小朋友人数是 11 的倍数. 增加了第二位小朋友之后，巧克力糖也要再来一盒了，说明原有的小朋友分几整盒巧克力糖之后还剩下一块，也就是说，原有的小朋友人数是 9 的倍数减 1. 符合这两个条件的最小的数是 44，而且它刚好满足原有的巧克力比软糖多一盒的条件，所以原有 44 个小朋友，最后有 46 个小朋友.

**【例 17】** 有若干盒卡片分给一些小朋友，如果只分一盒，每人至少可以得到 7 张；如果每人分 8 张卡片，则还缺少 5 张. 现在把所有卡片都分完，每人分到 60 张，而且还多出 4 张. 问：共有多少个小朋友？

**解析** 方法 1：首先由题意，一盒卡片每人分 7 张则有剩余，每人分 8 张则少 5 张，证明总人数多于 5 个.

如果一共有 7 盒卡片，则所有人每人要想分到 $8\times7=56$(张)卡片，还缺 35 张，卡片张数比题中所述要少.

如果一共有 9 盒卡片，则只要再添上 5×9=45(张)卡片，就能使所有人每人分到 8×9=72(张)，人数为(45+4)÷(72−60)=4 $\frac{1}{12}$<5，不满足总人数多于 5 个的要求.

类似地，当卡片总盒数多于 9 时，都不满足总人数多于 5 个的要求.

因此卡片一共有 8 盒，添上 5×8=40(张)卡片，就能使所有人每人分到 8×8=64(张)，所以总人数为(40+4)÷(64−60)=11(人).

方法 2：60÷7=8…4，60÷8=7…4，说明卡片的盒数是 8 盒，"若都分 8 张则还缺少 5 张"，即如果在每盒中加 5 张(8 盒共加 40 张)，每人就可以得到 8×8=64(张)，现在实际每人得到 60 张，即每人需要退出 4 张，其中要有 4 张是每人 60 张后多下来的，还有 40 张是我们一开始借来的要还出去，即要退出 44 张，44÷4=11(人)，说明有 11 人.

[**举一反三**]

有若干苹果和若干梨. 如果按每 1 个苹果配 2 个梨分堆，那么梨分完时还剩 2 个苹果；如果按每 3 个苹果配 5 个梨分堆，那么苹果分完时还剩 1 个梨. 苹果和梨各有多少个？

**解析**　容易看出这是一道盈亏应用题，但是盈亏总额与两次分配数之差很难找到. 原因在于第一种方案是 1 个苹果"搭配"2 个梨，第二种方案是 3 个苹果"搭配"5 个梨. 如果将这两种方案统一为 1 个苹果"搭配"若干梨，那么问题就好解决了. 将原题条件变为"1 个苹果搭配 2 个梨，缺 4 个梨；1 个苹果搭配 5/3 个梨，多 1 个梨"，此时盈亏总额为 4+1=5(个)梨，两次分配数之差为 2−5/3=1/3(个)梨. 所以有苹果(4+1)÷(2−5/3)=15(个)，有梨 15×2−4=26(个).

[**拓展练习**]

有若干苹果和梨，如果按 1 个苹果配 3 个梨分一堆，那么苹果分完时，还剩 2 个梨；如果按半个苹果配 2 个梨分一堆，那么梨分完时，还剩半个苹果. 问梨有多少个？

**解析**　1 个苹果配 3 个梨，多 2 个梨；半个苹果配 2 个梨，即 1 个苹果配 4 个梨，剩半个苹果，即少 2 个梨. 苹果有(2+2)÷(4−3)=4(个)，梨有 3×4+2=14(个).

**【例 18】**　幼儿园老师给小朋友分糖果. 若每人分 8 块，还剩 10 块；若每人分 9 块，最后一人分不到 9 块，但至少可分到一块. 那么糖果最多有多少块？

**解析**　最后一人分不到 9 块，那么最多可以分到 8 块，即若每人分 9 块，还差 1 块. 根据盈亏计算公式，人数有(1+10)÷(9−8)=11(人)，糖果最多有 9×11−1=98(块)；最后一人分不到 9 块，但至少可分到一块，即最少是最后一人差 8 块，根据盈亏计算公式，人数有(8+10)÷(9−8)=18(人)，糖果最多有 9×18−8=154(块). 所以，这批糖果最多有 154 块.

[**举一反三**]

幼儿园有三个班，甲班比乙班多 4 人，乙班比丙班多 4 人，老师给小孩分枣，甲班每个小孩比乙班每个小孩少分 3 个枣，乙班每个小孩比丙班每个小孩少分 5 个枣，结果甲班比乙班共多分 3 个枣，乙班比丙班总共多分 5 个枣. 问：三个班总共分了多少个枣？

**解析** 设丙班有 $x$ 个小孩，那么乙班就有$(x+4)$个小孩，甲班有$(x+8)$个小孩. 乙班每个小孩比丙班每个小孩少分 5 个枣，那么 $x$ 个小孩就少分 $5x$ 个枣，而乙班比丙班总共多分 5 个枣，所以多出来的那 4 个小孩分了$(5x+5)$个枣.

同样的道理，甲班每个小孩比乙班每个小孩少分 3 个枣，那么$(x+4)$个小孩就少分$(3x+12)$个枣，而甲班比乙班总共多分 3 个枣，所以多出来的那 4 个小孩分了 $3x+12+3=3x+15$(个)枣.

甲班每个小孩比乙班每个小孩少分 3 个枣，4 个小孩就少 $3\times4=12$(个)枣，因此我们得到 $5x+5=3x+15+12$，解得 $x=11$.

所以，丙班有 11 个小朋友，乙班有 15 个小朋友，甲班有 19 个小朋友；甲班每人分 12 个枣，乙班每人分 15 个枣，丙班每人分 20 个枣. 一共分了 $12\times19+15\times15+20\times11=673$(个)枣.

[**拓展练习**]

有 48 本书分给两组小朋友，已知第二组比第一组多 5 人. 如果把书全部分给第一组，那么每人 4 本，有剩余；每人 5 本，书不够. 如果把书全分给第二组，那么每人 3 本，有剩余；每人 4 本，书不够. 问第二组有多少人？

**解析** 如果把书全部分给第一组，那么每人 4 本，有剩余；每人 5 本，书不够. 说明第一组人数少于 $48\div4=12$(人)，多于 $48\div5=9\cdots3$，即 9 人；如果把书全分给第二组，那么每人 3 本，有剩余；每人 4 本，书不够. 说明第二组人数少于 $48\div3=16$(人)，多于 $48\div4=12$(人)；因为已知第二组比第一组多 5 人，所以，第一组只能是 10 人，第二组 15 人.

**【例 19】** “六一”儿童节，小明到商店买了一盒花球和一盒白球，两盒内的球的数量相等. 花球原价 1 元钱 2 个，白球原价 1 元钱 3 个. 因节日商店优惠销售，两种球的售价都是 2 元钱 5 个，结果小明少花了 4 元钱，那么小明共买了多少个球？

**解析** 花球原价 1 元钱 2 个，白球原价 1 元钱 3 个. 即花球原价 10 元钱 20 个，白球原价 10 元钱 30 个. 那么，同样买花球和白球各 30 个，花球要比白球多花 $10\div2-5$(元)，共需要 $30\div2+30\div3=25$(元). 现在两种球的售价都是 2 元钱 5 个，花球和白球各买 30 个需要$(30\div5)\times2\times2=24$(元)，说明花球和白球各买 30 个能省下 $25-24=1$(元). 现在共省了 4 元，说明花球和白球各有 $30\times4=120$(个)，共买了 $120\times2=240$(个).

[**举一反三**]

有红、黄、绿 3 种颜色的卡片共有 100 张，其中红色卡片的两面上分别写有 1 和 2，黄色卡片的两面上分别写着 1 和 3，绿色卡片的两面上分别写着 2 和 3. 现在把这些卡片放在桌子上，让每张卡片写有较大数字的那面朝上，经计算，各卡片上所显示的数字之和为 234. 若把所有卡片正反面翻转一下，各卡片所显示的数字之和则变成 123. 问黄色卡片有多少张？

**解析** 开始的时候，黄色和绿色的卡片上都是 3，红色卡片上是 2. 如果全部是红色卡片，那么数字之和为 2×100＝200，比实际的少 234－200＝34. 每增加一张黄色或绿色卡片，那么数字就会增加 3－2＝1. 那么，黄色和绿色卡片之和为 34÷1＝34（张），红色卡片有 100－34＝66（张）.

翻转过来后，红色和黄色卡片上都是 1，绿色卡片上是 2. 红色卡片有 66 张，剩下的绿色和黄色卡片上的数字之和为 123－1×66＝57. 如果 34 张卡片都是黄色的，那么这 34 张卡片上的数字之和为 1×34＝34，比实际的少 57－34＝23. 每增加一张绿色卡片，数字之和就会增加 2－1＝1，所以，绿色卡片有 23÷1＝23（张），黄色卡片有 34－23＝11（张）.

**【例 20】** 四（2）班在班级评比中获得了"全优班"的称号. 为了奖励同学们，班主任刘老师买了一些铅笔和橡皮. 刘老师把这些铅笔和橡皮分成一小堆一小堆，以便分给几位优秀学生. 如果每堆有 1 块橡皮 2 支铅笔，铅笔分完时橡皮还剩 5 块；如果每堆有 3 块橡皮和 5 支铅笔，橡皮分完时还剩 5 支铅笔. 那么，刘老师一共买了多少块橡皮？多少支铅笔？

**解析** 如果增加 10 支铅笔，则按 1 块橡皮、2 支铅笔正好分完；而按 3 块橡皮、5 支铅笔分，则剩下 10＋5＝15（支）铅笔，但如果按 3 块橡皮、6 支铅笔分，则正好分完，可以分成 15÷（6—5）＝15（堆），所以，橡皮数为 15×3＝45（块），铅笔数为 15×6—10＝80（支）.

［**举一反三**］

小白兔和小灰兔各有若干只. 如果 5 只小白兔和 3 只小灰兔放到一个笼子中，小白兔还多 4 只，小灰兔恰好放完；如果 7 只小白兔和 3 只小灰兔放到一个笼子中，小白兔恰好放完，小灰兔还多 12 只. 那么小白兔和小灰兔共有多少只？

**解析** "7 只小白兔和 3 只小灰兔装一个笼子，小白兔恰好装完，小灰兔还多 12 只"说明小白兔少了 12÷3×7＝28（只），这样原来笼子数有（28＋4）÷（7－5）＝16（个），所以小白兔有 16×5＋4＝84（只），小灰兔有 16×3＝48（只），合起来有 84＋48＝132（只）.

［**拓展练习**］

李明的妈妈去超市买洗衣粉，雕牌和碧浪的单价分别为 8 元和 10 元，李妈妈带的钱买雕牌洗衣粉比买碧浪洗衣粉可多买 3 袋，并且没有剩余的钱. 问：李妈妈带了多少钱？

**解析** 方法 1："李妈妈带的钱买雕牌洗衣粉比买碧浪洗衣粉可多买 3 袋"，这三袋洗衣粉多花 8×3＝24（元），又因为花的钱总数一样多，所以在买碧浪洗衣粉的时候要把这些钱补上，而碧浪比雕牌每袋贵 2 元，所以要买碧浪洗衣粉袋数 24÷2＝12（袋）. 这样李妈妈带的钱数是 10×12＝120（元）.

方法 2：如果买雕牌与碧浪洗衣粉数量一样多，则买雕牌洗衣粉以后还剩 3×8＝24（元），根据普通的盈亏问题解法，买碧浪洗衣粉的数量是 24÷（10－8）＝24÷2＝12（袋），所以李妈妈带的钱数是 12×10＝120（元）.

## 练习题

1. 有一批练习本发给学生，如果每人 5 本，则多 70 本，如果每人 7 本，则多 10 本，那么这个班有多少学生多少练习本？

2. 王老师去琴行买儿童小提琴，若买 7 把，则所带的钱差 110 元；若买 5 把，则所带的钱还多 30 元，问儿童小提琴多少钱一把？王老师一共带了多少钱？

3. 六年级学生出去划船. 老师算了一下，如果每船坐 6 人，那么还剩下 22 人没船坐. 安排时发现有 3 条船坏了，于是改为每船坐 8 人，结果还剩下 6 人没船坐，请问：一共有多少学生？

4. 猪妈妈带着孩子去野餐，如果每张餐布周围坐 4 只小猪就有 6 只小猪没地方坐，如果每张餐布周围多坐一只小猪就会余出 4 个空位，问：一共有多少只小猪，猪妈妈一共带了多少张餐布？

5. 甲打一篇文稿，打到一半去吃饭，饭后比饭前每分钟多打 32 个字，共打了 50 分钟，前 25 分钟比后 25 分钟少打了 640 个字，文稿一共多少个字？

6. 有一批正方形的砖，排成一个大正方形，余下 32 块，如果将它排成每边比原来多一块的正方形，就要差 49 块，这批砖原来有多少块？

7. 农民锄草，其中 5 人各锄 4 亩，余下的各锄 3 亩，这样分配最后余下 26 亩；如果其中 3 人每人各锄 3 亩，余下的人各锄 5 亩，最后余下 3 亩. 求草地面积和锄草人数各是多少？

8. 实验小学少先队员去植树，如果没人种 5 棵，还有 3 棵没人种；如果其中 2 人各种 4 棵，其余的人各种 6 棵，这些树苗正好种完. 有多少少先队员参加植树？一共种多少棵树苗？

9. 工人搬一批砖，每人搬 4 块，其中 5 人要搬两次；如果每人搬 5 块，就有两人没有砖可搬. 搬砖的几人？砖共有多少块？

## 教学策略

**1. 实物举例法**

将数学题还原成生活情境，用实物（含实物数量）来展示数量变化过程，这样的实物情境还原以助数学抽象建模的教学方法，就是所谓的实物举例法. 它的优点很明显：让学生感受亲切而深刻，可操作性强，有很强的及时教学模拟性，最大限度地调动学生感官参与到观察、对比、抽象等学习过程之中来. 作为解题的策略，它时刻可以运用；作为数学建模的一种方法过程，也深得学生喜爱，因为它直观性很强，便于思维表述的借助与定型！

当然，这种方法的要求虽然比较低，但也需要注意几个方面. 第一，举例实物，数量必须以从简为上，而实物是具备一定抽象情境下的数学原型替代品，所以必须是学生所能易找到而借用的，如学习用品等等；第二，老师在借用实物举例法进行数学思想的渗透时，必须事先有些必要的前提说明，也就是“释喻”与“原型”之间的必要链接，如数量方面、模型的类别方面等等．否则，难免沦为随意性的表演，不得学科要求，学生不易观察联系，也达不到理想的教学效果；第三，一定要让学生尝试观察，说一说，比一比，举一个例子说明……，这样的自觉过程是必须的．比如，让学生试着分析实物举例与数学原题之间的对应关系，也就是“所指”与“能指”之间的内在联系——这里，也就是指数学方面的联系．只有这样，才能让学生在自觉对比、借喻、释证过程中，达到举一反三的学习目的．毕竟，数学方法是相通的，而相通之前，必须让学生的思维自己想通！

### 2. 线段图法

将数量直观而抽象地用线段之长短及对比关系反映出来，体现出一定的数量关系，还有量与量之间的盈亏变化关系，这样的教学策略方法，就是我们常用常说的线段图法．这种方法，无疑相比实物简图法，有更多的方便性，其数学思维含量也更丰富．

其实，线段图方法与实物简图法，在思维形成的过程上，是相通的，所区别的是，两者对于数学建模所要求的思维程度是不一样的——这是因两者的物质材料及表达形式所不同而决定的．线段图方法，无疑更适合于中高年级学生的思维表达所用，且比较适合于较为复杂的数量变化问题，如盈亏问题即是！

如“书柜上下两层，原本各有不同数量的书，经过一次上下两层书的搬移（数量一定量的变化），现在上下两层书的数量呈倍数关系，要求这类盈亏题的各数量”．显然，若是方程借助，数量关系便于建立表达，而算术法运用的情境中，就要学会逆推了．此时，线段图就具有直观模型的优越性了！

### 3. 实物情境法

将数学原题，进行情景化的直接再现，以便于学生观察动态的变化过程，从中发现规律，建立数学模型的教学方法，就是所谓的实物情境法．实质而言，实物情景法与以上两种方法别无二致．从物质材料及表现形式上看，实物情境法与实物举例法，有更多相似之处．然而，实物情景法，指向直接的解题情境，甚至实物、数量等具体的数学具象与原题是一致的，它对于抽象“喻证”的要求，相对于实物举例法，要低一些．有时，我们仅仅是为了是本题所有的数量关系及变化过程进行一个直观演示而已．

因为如此，我们更多是从科学实验的角度去认识和运用实物情境法．这种方法，要求具备精当的资源条件，且能方便地展示数学数量的变化过程，具有可测、精确、验证等指动性特点．此方法，各年级运用要求不一，所能体现的价值也不尽相同．而至于盈亏问题，因其数量之变化过程体现，尤能展示出运用实物情境法的优点长处．

比如，有这样的题：有等量的 5 瓶水，各自倒出 100 毫升的水后，剩下的量与原来 3 两瓶水相同，问原来每瓶水多少毫升？其实对于这样的题的解答，本质是要找到数量之间的关系，包括变化前后的关系．然而，若是没有任何的直观借助而进行纯粹的抽象，对于四年级学生而言，是比较困难的！因为他们没有任何引导，不会自觉去找寻个数量之间的关系！

这样的题，任由它变化具体的情景，换了数量，换了环境，对于数学而言，是万变不离其宗的！然而，在经过多次的讲解训练后，也曾几次三番地线段图、实物简图方法地引导，学生能及时性地有所感悟，可时间一晃，就又思维模糊了！

无奈之下，我只是能求助于“实物情境法”，模仿“水、瓶、倒出，原来，剩下……”等关键词的操作. 这学期，我真做了这个数学实验——等量的 5 瓶水，倒出均等量后，剩下的水回归凑整成原来的 3 瓶. 关键是，倒出了多少呢，在哪里呢？这两倒出的水的总量跟原来 5 瓶及剩下的 3 瓶有什么关系呢？无疑，还需要能够暂容倒出水的第 6 个容器. 而这个过程，我都能在实物情境中进行对比、观察、验证. 于是，学生也就很简单明了地发现——倒出的水总量相当于原来的 2 瓶的量……

总而言之，小学生囿于知识结构的不足，受限于学龄所学知识内容要求，对于盈亏变化问题的解决，往往用算术法来列式解题. 此时，为化解数量关系理解的难度，而根据不同的问题，进行不同方法策略的建模思想渗透，是十分重要的！

# 第七讲　行程问题

## 课题解析

行程问题是反映物体匀速运动的应用题.行程问题涉及的变化较多,有的涉及一个物体的运动,有的涉及两个物体的运动,有的涉及三个物体的运动.涉及两个物体运动的,又有“相向运动”(相遇问题)、“同向运动”(追及问题)和“相背运动”(相离问题)三种情况.但归纳起来,不管是“一个物体的运动”还是“多个物体的运动”,不管是“相向运动”“同向运动”,还是“相背运动”,它们的特点是一样的.具体地说,就是它们反映出来的数量关系是相同的,都可以归纳为:速度×时间=路程.

## 核心提示

由于行程问题的类型及变式非常多,不便逐一列出数量关系,现对几种主要的行程问题中,最为核心、关键的数量关系进行描述.

(1) 基本数量关系:　路程=时间×速度,
时间=路程÷速度,
速度=路程÷时间.

(2) 相遇问题数量关系:相遇时间=相遇路程÷速度和.

(3) 追击问题数量关系:追及时间=追及路程÷速度差.

(4) 流水行船问题数量关系:水流速度=(顺水速度-逆水速度)÷2,
静水船速=(水流速度+逆水速度)÷2.

(5) 火车过桥问题数量关系:路程=桥长+车长.

## 例题精讲

**【例 1】** 一列火车平均每小时行用 140 千米,这列火车从甲地到乙地共用了 4 小时,问:甲、乙两地相距多少千米?

**解析**　求甲、乙两地相距多少千米,由“路程=时间×速度”可求出.

$$140\times4=560(\text{千米})$$

答:甲乙两地相距 560 千米.

在行程问题中有一类“火车过桥”问题,在利用路程、时间、速度三者之间的关系解答这类问题时,应注意路程的含义及相互关系:路程=车长+桥长.

［**举一反三**］

1. 一个车队以 4 米/秒的速度缓缓通过一座长 200 米的大桥,共用 115 秒.已知每辆车长 5 米,两车间隔 10 米.问:这个车队共有多少辆车?

**解析**　求车队有多少辆车,需要先求出车队的长度,而车队的长度等于车队 115 秒行的路程减去大桥的长度.

由“路程=时间×速度”可求路程为 $4\times115=460$(米).

故车队长度为 $460-200=260$(米).

再由植树问题可得车队共有车 $(260-5)\div(5+10)+1=18$(辆).

2. 小王骑车到城里开会,以每小时 12 千米的速度行驶,2 小时可以到达.车行了 15 分钟后,发现忘记带文件,以原速返回原地,这时他每小时行多少千米才能按时到达?

**解析**　要求小王返回原地后到城里的速度,就必须知道从家到城里的路程和剩下的时间.

15 分钟$=\frac{1}{4}$小时

从家到城里的路程:$12\times2=24$(千米).

返回后还剩的时间:$2-\frac{1}{4}\times2=1\frac{1}{2}$(小时)

返回后去城里的速度:$24\div1\frac{1}{2}=16$(千米/时)

［**拓展练习**］

小明去爬山,上山时每小时行 2.5 千米,下山时每小时行 4 千米,往返共用 3.9 小时.问:小明往返一趟共行了多少千米?

**解析**　因为上山和下山的路程相同,所以若能求出上山走 1 千米和下山走 1 千米一共需要的时间,则可以求出上山及下山的总路程.

因为上山、下山各走 1 千米共需 $\frac{1}{2.5}+\frac{1}{4}=\frac{13}{20}$(小时),所以上山、下山的总路程为 $2\times\left(3.9\div\frac{13}{20}\right)=12$(千米).

**【例 2】**　甲、乙两地相距 60 千米,汽车从甲地到乙地平均每小时行 20 千米,返回时每小时行 30 千米,来回全程平均每小时行多少千米?

**解析**　因为往返的路程相同,所以若能求出一共需要的时间,则可以求出来回全程的平均速度.

$$60\times2\div(60\div20+60\div30)=24(\text{千米/时})$$

答:来回全程平均每小时行 24 千米.

［**举一反三**］

1. 一只蚂蚁沿等边三角形的三条边爬行,如果它在三条边上每分钟分别爬行 50 厘米、20 厘米、40 厘米,那么蚂蚁爬行一周平均每分钟爬行多少厘米?

**解析**　设等边三角形的边长为 l 厘米,则蚂蚁爬行一周需要的时间为

$$\frac{1}{50}+\frac{1}{20}+\frac{1}{30}$$

$$=1\times\left(\frac{1}{50}+\frac{1}{20}+\frac{1}{30}\right)=\frac{311}{300}(\text{分钟}).$$

蚂蚁爬行一周平均每分钟爬行 $31\div\frac{311}{300}=29\frac{1}{31}$(厘米).

答:蚂蚁爬行一周平均每分钟爬行 $29\frac{1}{31}$厘米.

2. 已知车长 182 米,每秒行 20 米,慢车长 1 034 米,每秒行 18 米.两车同向而行,当快车车尾接慢车车头时,称快车穿过慢车,则快车穿过慢车的时间是多少秒?

**解析**　$(182+1\,034)\div(20-18)=608(\text{秒})$

［**拓展练习**］

1. 一列火车长 160 米,匀速行驶,首先用 26 秒的时间通过甲隧道(即从车头进入口到车尾离开口为止),行驶了 100 千米后又用 16 秒的时间通过乙隧道,到达了某车站,总行程 100.352 千米.求甲、乙隧道的长.

**解析**　两隧道的和为:100.352－100＝0.352(千米)＝352(米)

设甲隧道长为 $x$ 米,则乙隧道长为 $352-x$(米),车速为 $y$ 米/秒,列方程得

$$(x+160)\div y=26$$

$$(352-x+160)\div y=16$$

解方程组得

$$x=256$$

$$y=16$$

所以乙隧道长为 $352-x=352-256=96$(米) 即甲隧道长 256 米,乙隧道长 96 米.

2. 一列火车通过 530 米的桥需 40 秒,以同样的速度穿过 380 米的山洞需 30 秒.求这列火车的速度是多少米/秒,全长是多少米?

**解析**　火车过桥或者山洞路程均为桥(山洞)长加上车身长度.两个条件中的长度相减就是路程差 530－380＝150(米),所以速度就是 150÷(40－30)＝15(米/秒).所以过山洞时,火车共走路程为 15×30＝450(米).车身长度是 450－380＝70(米).

**【例 3】**　两个码头相距 418 千米,汽艇顺流而下行完全程需 11 小时,逆流而上行完全程需 19 小时.求这条河的水流速度.

**解析** 水流速度=(顺流速度－逆流速度)÷2.

(418÷11－418÷19)÷2=(38－22)÷2=8(千米/时)

答:这条河的水流速度为8千米/时.

在行程问题中有一类“相遇和追及”问题,在这两种问题中,相遇问题和追及问题的三个基本量,它们之间的关系如下:

在实际问题中,总是已知路程、时间、速度中的两个,求另一个.

[**举一反三**]

1. 某船在静水中每小时行18千米,水流速度是每小时2千米.此船从甲地逆水航行到乙地需要15小时.求甲、乙两地的路程是多少千米?此船从乙地回到甲地需要多少小时?

**解析** 船在逆水中的速度:18－2=16(千米/时)

甲乙两地距离:16×15=240(千米)

船从乙地回到甲地的速度:18+2=20(千米/时)

这船从乙地回到甲地需要:240÷20=(12小时)

2. 一条大河,河中间(主航道)的水流速度是每小时8千米,沿岸边的水流速度是每小时6千米.一只船在河中间顺流而下,13小时行驶520千米.求这只船沿岸边返回原地需要多少小时?

**解析** 船静水速度 520÷13－8=32(千米/时)

返回需要 520÷(32－6)=20(小时)

[**拓展练习**]

已知一艘轮船顺水行48千米需4小时,逆水行48千米需6小时.现在轮船从上游A城到下游B城,已知两城的水路长72千米,开船时一旅客从窗口投出一块木板,问船到B城时木板离B城还有多少千米?

**解析** 顺水船速:48÷4=12(千米/时)

逆水船速:48÷6=8(千米/时)

这样水速:(12－8)÷2=2(千米/时)

船到B城,顺水行了72÷12=6(小时)

木板行了6×2=12(千米),这样木板离B地还有72－12=60(千米)

**【例4】** 甲、乙两人同时从东西两村出发相向而行,甲每分钟走85米,乙每分钟走90米,18分钟后两人相遇.东西两村相距多少米?

**解析** 这是一道相遇问题,涉及两个运动的物体,运动的方向为反向(研究速度和),求东西两村相距多少米,由“相遇路程=相遇时间×速度和”可求出.

(85+90)×18=3 150(米)

答:东西两村相距3 150米.

[**举一反三**]

1. 甲、乙两辆客车的速度分别为每小时 52 千米和 40 千米，它们同时从甲地出发开往乙地去，出发 6 小时后，甲车正好遇到迎面开来的一辆货车，1 小时后乙车也遇到了这辆货车. 求这辆货车的速度.

**解析** 甲乙出发后 6 小时，甲乙两车相距(52－40)×6＝72(千米). 甲遇卡车，又 1 小时后，乙遇到卡车，相当于把题目转化为：乙与卡车相距 72 千米，相向而行，1 小时后相遇，所以卡车速度 72－40＝32(千米/时).

2. 甲、乙、丙三辆车同时从 A 地出发到 B 地去，甲、乙辆车的速度分别为每小时 60 千米和 48 千米. 有一辆 B 方向迎面开来的卡车，分别在它们出发后 6 小时、7 小时、8 小时先后与甲、乙、丙三两车相遇. 求丙车的速度.

**解析** 在甲出发 6 小时，$S=60\times6=360$(千米)

乙出发 7 小时，$S=7\times48=336$(千米)

则这一个小时卡车行驶的距离为 360－336＝24(千米)

再过一个小时，则距离 $S=336-24=312$(千米)

此时刚好与丙相遇，$v_{丙}=312\div8=39$(千米/时)

[**拓展练习**]

甲和乙从东、西两地同时出发，相对而行，两地相距 100 千米，甲每小时行 6 千米，乙每小时行 4 千米. 甲带了一只狗和甲同时出发，狗以每小时 10 千米的速度向乙奔去，遇到乙又回头奔向甲；遇到甲又奔向乙，这一直奔跑，直到甲、乙两人相遇才停下来. 这只狗共跑了多少千米？

**解析** 相遇时间：100÷(6＋4)＝10(小时)

狗行的路程：10×10＝100(千米)

**【例 5】** 一辆摩托车上午 9 时从东城向西城开出，每小时行 35 千米，同时有一辆汽车从西城向同一方向开出，每小时行 26 千米，中午 12 时摩托车追上了汽车，东城和西城相距有多少千米？

**解析** 这是一道追及问题，涉及两个运动的物体，运动的方向为同向(研究速度差)，求东城和西城相距有多少千米，由“追及路程＝追及时间×速度差”可求出.

(35—26)×(12—9)＝27(千米)

答：东城和西城相距有 27 千米.

[**举一反三**]

父亲和儿子都在某厂工作，他们从家里出发步行到工厂，父亲用 40 分钟，儿子用 30 分钟. 如果父亲比儿子早 5 分钟离家，问儿子用多少分钟可赶上父亲？

**解析** 父亲的速度$\frac{1}{40}$，儿子速度$\frac{1}{30}$，父亲比儿子早 5 分钟离家，则父亲多走$\frac{1}{40}\times5=\frac{1}{8}$，因为儿子每分钟比父亲多走$\frac{1}{30}-\frac{1}{40}=\frac{1}{120}$，从而，$\frac{1}{8}\div\frac{1}{120}=15$(分钟).

[**拓展练习**]

解放军某部小分队，以每小时 6 千米的速度到某地执行任务，途中休息 30 分后继续前进，在出发 5.5 小时后，通讯员骑摩托车以 56 千米的速度追赶他们，多少小时可以追上他们？

**解析** 出发 5.5 个小时，实际只走了 5 个小时，是 $5\times6=30$(千米)。

利用速度差的关系式，得出，追的路程靠速度差来完成.

需要 $30\div(56-6)=0.6$(小时)

**【例 6】** 甲车每小时行 40 千米，乙车每小时行 60 千米. 两车分别从 $A$，$B$ 两地同时出发，相向而行，相遇后 3 时，甲车到达 B 地. 求 $A$，$B$ 两地的距离.

**解析** 先画示意图如下：

C
A B
甲车 乙车

图中 $C$ 点为相遇地点. 因为从 $C$ 点到 $B$ 点，甲车行 3 时，所以 $C$，$B$ 两地的距离为 $40\times3=120$(千米). 这 120 千米乙车行了 $120\div60=2$(小时)，说明相遇时两车已各行驶了 2 时，所以 $A$，$B$ 两地的距离是 $(40+60)\times2=200$(千米).

$$(40+60)\times(40\times3\div60)=200(\text{千米})$$

答：$A$，$B$ 两地的距离是 200 千米.

[**举一反三**]

1. 小刚在铁路旁边沿铁路方向的公路上散步，他散步的速度是 2 米/秒，这时迎面开来一列火车，从车头到车尾经过他身旁共用 18 秒. 已知火车全长 342 米，求火车的速度.

**解析**

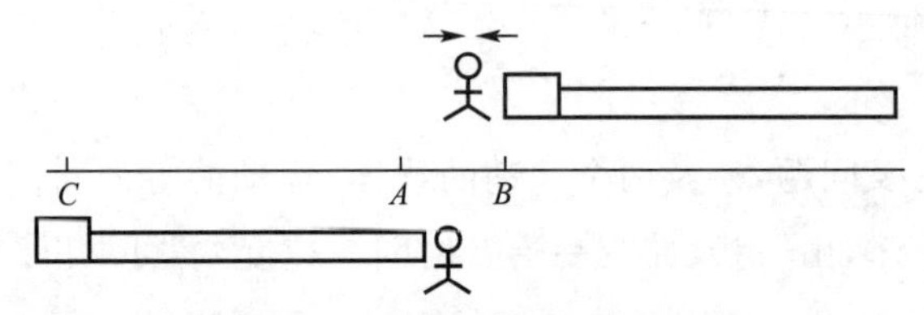


在上图中，$A$ 是小刚与火车相遇地点，$B$ 是小刚与火车离开地点. 由题意知，18 秒小刚从 $A$ 走到 $B$，火车头从 $A$ 走到 $C$，因为 $C$ 到 $B$ 正好是火车的长度，所以 18 秒小刚与火车共行了 342 米，推知小刚与火车的速度和是 $342\div18=19$(米/秒)，从而求出火车的速度为 $19-2=17$(米/秒).

2. 甲、乙二人分别从东、西两镇同时出发相向而行. 出发 2 小时后，两人相距 54 千米；出发 5 小时后，两人相距 27 千米. 问出发多少小时后两人相遇？

**解析** 未相遇情况：

甲、乙二人每小时共行：$(54-27)\div(5-2)=9$(千米).

从出发到相遇的时间：5＋27÷9＝5＋3＝8(小时).

答：出发 8 小时后两人相遇.

相遇后继续前行的情况：

甲、乙二人每小时共行：(54＋27)÷(5－2)＝27(千米).

从出发到相遇的时间：5—27÷27＝4(小时).

答：出发 4 小时后两人相遇.

［**拓展练习**］

甲、乙二人分别以每小时 5 千米和 4 千米的速度，同时从相距 30 千米的两地相向而行. 相遇后继续前进，到达对方出发地立即返回，再次相遇. 从开始出发到第二次相遇需要多少时间?

**解析**　两人从出发到第二次相遇，一共走了 3 个全程.

$$30\times3\div(5+4)=10(\text{小时})$$

**【例 7】** 两地相距 50 千米，甲、乙二人同时从两地出发相向而行. 甲每小时走 3 千米，乙每小时走 2 千米. 甲带着一只狗，狗每小时走 5 千米. 这只狗同甲一起出发，碰到乙的时候它就掉转头来往甲这边走，碰到甲时又往乙这边走，直到两人碰头. 问这只狗一共走了多少千米?

**解析**　要求狗走的路程，狗的速度已知，关键是要求出狗的时间. 经过认真审题，不难发现狗行走的时间与甲、乙二人的相遇时间是相等的.

狗行走的时间与甲、乙二人的相遇时间是相等：50÷(2＋3)＝10(小时)

狗走的路程：5×10＝50(千米)

答：这只狗一共走了 50 千米.

［**举一反三**］

1. 铁路线旁边有一条沿铁路方向的公路，公路上一辆拖拉机正以 20 千米/时的速度行驶. 这时，一列火车以 56 千米/时的速度从后面开过来，火车从车头到车尾经过拖拉机身旁用了 37 秒. 求火车的全长.

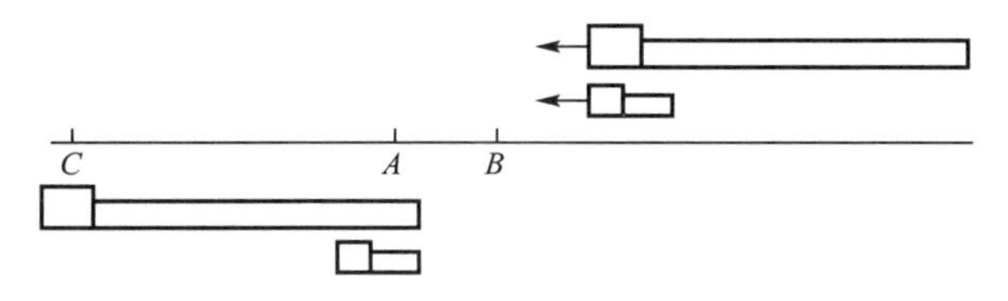


由上图知，37 秒火车头从 $B$ 走到 $C$，拖拉机从 $B$ 走到 $A$，火车比拖拉机多行一个火车车长的路程. 用米作长度单位，用秒作时间单位，求得火车车长为“速度差×追及时间”.

$$[(56\,000-20\,000)\div3\,600]\times37=370(\text{米}).$$

2. 猎狗追赶前方 30 米处的野兔. 猎狗步子大，它跑 4 步的路程兔子要跑 7 步，但是兔子动作快，猎狗跑 3 步的时间兔子能跑 4 步. 猎狗至少跑出多远才能追上野兔?

**解析**　方法 1：设数字法.

设狗 4 步路程＝兔 7 步路程＝28 米

狗每步跑 7 米，兔每步跑 4 米，狗 3 步时间＝ 兔 4 步时间 ＝12 秒

狗每秒跑 $3\div12=\frac{1}{4}$步，兔每秒跑 $4\div12=\frac{1}{3}$(步)

狗每秒跑：$\frac{1}{4}\times7=\frac{7}{4}$(米)

兔每秒跑：$\frac{1}{3}\times4=\frac{4}{3}$(米)

根据追及问题解得出追及时间：$30\div(\frac{7}{4}-\frac{4}{3})=72$(秒)

所以$\frac{7}{4}\times72=126$(米)

方法 2：画图利用速度比的方法.

根据“猎狗跑 4 步的路程与兔跑 7 步的路程相等”“猎狗跑 3 步的时间与兔跑 4 步的时间相等”，得出狗与兔的速度比为 $\frac{3}{4}:\frac{4}{7}=\frac{21}{16}$；根据追及问题求出追时间 $30\div(21-16)=6$，所以 $21\times6=126$(米).

[**拓展练习**]

两条公路成十字交叉，甲从十字路口南 1 800 米处向北直行，乙从十字路口处向东直行. 甲、乙同时出发 12 分钟后，两人与十字路口的距离相等；出发后 75 分钟，两人与十字路口的距离再次相等. 此时他们距十字路口多少米？

**解析** 如下图所示，出发 12 分钟后，甲由 $A$ 点到达 $B$ 点，乙由 $O$ 点到达 $C$ 点，且 $OB=OC$. 如果乙改为向南走，那么这个条件相当于“两人相距 1800 米，12 分钟相遇”的相遇问题，所以每分钟两人一共行 1 800÷12＝150(米).

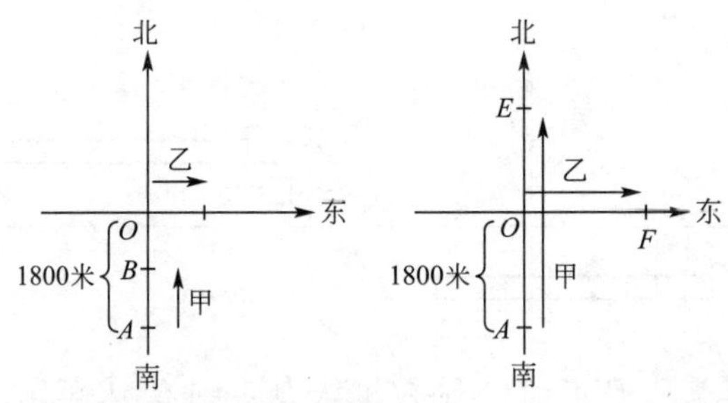


如上图所示，出发 75 分钟后，甲由 $A$ 点到达 $E$ 点，乙由 $O$ 点到达 $F$ 点，且 $OE=OF$. 如果乙改为向北走，那么这个条件相当于“两人相距 1 800 米，75 分钟后甲追上乙”的追及问题，所以每分钟两人行走的路程差是 1 800÷75＝24(米).

再由和差问题，可求出乙每分钟行(150－24)÷2＝63(米)，

出发后 75 分钟距十字路口 63×75＝4 725(米).

【例 8】　有甲、乙、丙三人，甲每小时行 3 千米，乙每小时行 4 千米，丙每小时行 5 千米．甲从 $A$ 地，乙、丙从 $B$ 地同时相向出发．丙遇到甲后立即返回，再遇到乙，这时恰好从出发时间开始算经过了 10 小时．求 $A$、$B$ 两地之间的距离．

**解析**

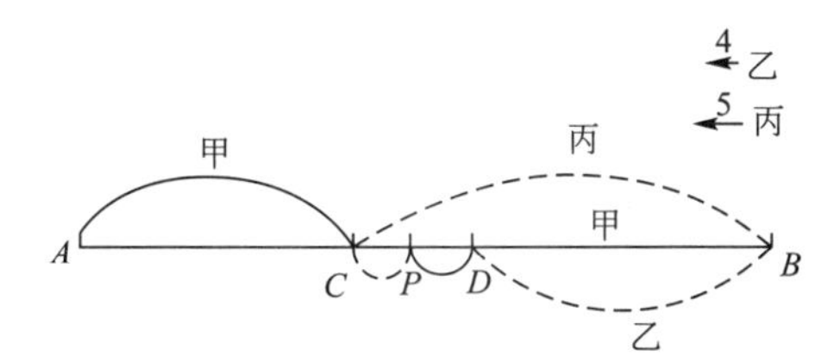


上图中，甲、丙在 $C$ 点相遇后，丙返回与乙在 $P$ 点相遇．要求 $A$、$B$ 之间的距离，只要知道甲、丙的速度和与甲、丙的相遇时间就好办了．甲、丙的速度和为(3＋5)千米/小时，关键是要求出甲、丙的相遇时间．如图所示，当甲、丙二人在 $C$ 点相遇时，乙走到 $D$ 点；丙返回和乙在 $P$ 点相遇时，这时丙与乙各走了 10 小时．因此，乙、丙 10 小时各走的路程均可求出．丙比乙多走的路程为 $CP$ 的 2 倍，故 $CP$ 的距离可以求出．从 10 小时中去掉行 $CP$ 用的时间就是甲、丙的相遇时间．

丙 10 小时比乙多走的路程：5×10－4×10＝10(千米)．

甲、丙二人的相遇时间：10－10÷2÷5＝9(小时)．

$A$、$B$ 两地间的距离：(3＋5)×9＝72(千米)．

答：$A$、$B$ 两地间的距离为 72 千米．

行程问题虽然千变万化，但是“万变不离其宗”．只要我们认真审题，分析数量关系，再借助画图、演示、设单位 1 等手段，是能找到解题的“窍门”．

**[举一反三]**

甲和乙从东西两地同时出发，相对而行，甲每小时走 6 千米．乙每小时走 4 千米，甲带了一只狗，同时出发，狗以每小时 12 千米的速度向乙奔去，遇到乙后，马上回头向甲奔去，遇到甲后又回头向乙奔去，直到甲乙两人相距四千米时狗才停止，这时狗共奔了 96 千米．问：东西两地间的距离是多少千米？

**解析**　狗跑的时间 96÷12＝8(小时)，则甲、乙两人到狗停止时各走了 8 小时，所以东西两地距离(4＋6)×8＋4＝84(千米)

**[拓展练习]**

有一个圆形池子，A、B、C 三人同时由地边的某一地点出发，绕池子跑步．A 和 B 向同一方向跑，C 则向相反方向跑．C 在中途遇上 A，然后经过 4 分钟又遇上 B．已知 A 每分钟跑 400 米，B 每分钟跑 200 米，C 每分钟跑 150 米．求池子的周长．

**解析**　当 C 遇上 A 时，他跟 B 的距离为(200＋150)×4＝1400(米)；这也是 A 和 B 之间的距离，也就是当 C 遇上 A 时，他们跑了 1400÷(400－200)＝7(分钟)，所以周长为(150＋400)×7＝3 850(米)．

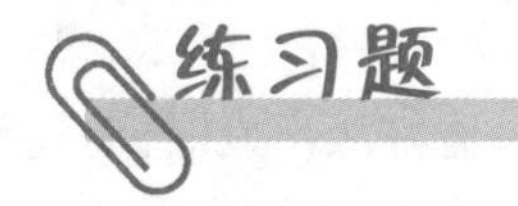


1. 一辆汽车 5 小时行了 280 千米,这辆汽车平均每小时行多少千米?

2. 小明家到学校 1 800 米,小明早晨上学,平均每分钟走 120 米,问:小明从家到学校一共用多少分钟?

3. 一列火车长 700 米,以每分钟 400 米的速度通过一座长 900 米的大桥. 从车头上桥到车尾离要多少分钟?

4. 一座铁路桥全长 1 200 米,一列火车开过大桥需花费 75 秒;火车开过路旁电杆,只要花费 15 秒,那么火车全长是多少米?

5. 已知快车长 182 米,每秒行 20 米,慢车长 1 034 米,每秒行 18 米. 两车同向而行,当快车车尾接慢车车头时,称快车穿过慢车,则快车穿过慢车的时间是多少秒?

6. 两列火车,一列长 120 米,每秒行 20 米;另一列长 160 米,每秒行 15 米,两车相向而行,从车头相遇到车尾离开需要几秒?

7. 一列 450 米长的货车,以每秒 12 米的速度通过一座 570 米长的铁桥,需要几秒?

8. 某列车通过 360 米的第一个隧道,用去 24 秒,接着通过第二个长 216 米的隧道,用去 16 秒. 求这个列车的长度和车速.

9. 一列火车通过一条长 1 260 米的桥梁(车头上桥直到车尾离开桥尾)共用了 60 秒,火车穿越长 2 010 米的隧道用 90 秒. 问:这列火车的速度和车身各是多少?

10. 小燕上学时骑车,回家时步行,路上共用 50 分钟. 若往返都步行,则全程需要 70 分钟. 求往返都骑车需要多少时间.

11. 某人要到 60 千米外的农场去,开始他以 5 千米/时的速度步行,后来有辆速度为 18 千米/时的拖拉机把他送到了农场,总共用了 5.5 时. 问:他步行了多远?

12. 汽车以 72 千米/时的速度从甲地到乙地,到达后立即以 48 千米/时的速度返回甲地. 求该车的平均速度.

13. 汽车从甲地到乙地平均每小时行 20 千米,返回时每小时行 30 千米,来回全程平均每小时行多少千米?

14. 两地相距 480 千米,一艘轮船在其间航行,顺流需 16 小时,逆流需 20 小时,求水流的速度.

15. 一艘轮船在河流的两个码头间航行,顺流需要 6 小时,逆流需要 8 小时,水流速度为 2.5 千米/时,求轮船在静水中的速度.

16. 甲、乙两工程队合修一条长 935 米的公路,甲队以每天 45 米的速度由西端往东修,乙队以每天 40 米的速度由东端往西修,6 天后两队相距多远? 此工程共需多少天?

17. 两队筑路工人合修一条 615 米长的公路,预计 5 天修完. 已知甲队每天修 60 米,乙队每天修多少米？

18. 张发和王军两人骑自行车同时从某地向相反的方向出发，张发每小时行 15 千米，王军每小时行 17 千米，3 小时后．两个人相距多少千米？

19. 一列客车和一列货车同时从两地相对开出，5 小时后两车相遇．相遇时货车行了 225 千米．已知客车的速度比货车每小时快 10 千米．两地相距多少千米？

20. 两站相距 500 千米，甲、乙两列火车由两站同时相向开出，4 小时后两车相遇．这时甲车行驶的距离为 272 千米，求甲、乙两车的速度．

21. 两地相距 21 千米．甲、乙两辆汽车同时分别从两地向同一方向开出，甲车每小时行 25 千米，乙车每小时行 32 千米，甲车在前，乙车在后，几小时后乙车追上甲车？

22. 王强从李村去县城，每分钟行 80 米，他走了 2 000 米后，张军骑自行车要用 10 分钟追上王强，张军骑自行车每分钟的速度是多少米？

23. 举行长跑比赛．运动员跑到离起点 5 000 米处要返回跑到起点．领先的运动员每分钟跑 320 米，最后的运动员每分钟跑 305 米，跑多少分钟这两个运动员相遇？相遇时离返回点有多少米？

24. 小明于上午 8 时从家出发，以每分钟 65 米的速度行走，当他正好走了 20 分钟时，突然想起忘了带一件东西，于是立即返回．哥哥也发现小明忘带东西，于是带着东西于上午 8 时 25 分骑自行车从家出发，以每分钟 260 米的速度追赶小明．问：两人于几时几分相遇？

25. A、B 两地相距 60 千米，一个人从 A 地骑自行车，另一个人从 B 地步行，自行车速度是步行的 3 倍，而步行的速度是每小时 4 千米．问：(1)两人出发后几小时相遇？(2)相通地点离 A 地多少千米？

26. A 走了 4 分钟由甲地到达乙地．B 也要从甲地到乙地去，但因迷了路，向相反方向走去了，B 走了 5 分钟，本来可以到达乙地，但因方向错了，结果两人相距 800 米．A、B 两人每分钟各走多少米？

27. 我海军英雄舰艇追击敌舰，追到某岛，敌舰已在 15 分钟前逃跑，每分钟行 400 米，我舰每分钟行 600 米，再过多少时间可以追上敌舰？

28. 甲、乙两人同向某地出发，甲每小时走 7 千米，乙每小时行 5 千米，乙先出发 3 小时，甲追上乙需要几小时？

29. 一辆摩托车上午 9 时从东城向西城开出，每小时行 35 千米，同时有一辆汽车从西城向同一方向开出，每小时行 26 千米，中午 12 时摩托车追上了汽车，东城和西城相距多少千米？

30. 李力和张昆两人沿着一条公路同时向同一方向前进，李力在张昆前 500 米，李力每分钟走 70 米，张昆每分钟走 90 米．张昆要多少分钟能追上李力？

31. 一辆吉普车和一辆卡车，同时从甲、乙两地朝同一方向出发，卡车在前，每小时行 40 千米，吉普车在后，每小时行 52 千米，6 小时后，吉普车追上卡车．问：甲、乙两地相距多少千米？

32. A、B 两地相距 1 200 米，甲从 A 地，乙从 B 地同时出发，相向而行，甲每分钟行 50 米，乙每分钟行 70 米，第一次相遇在 C 处，问：A、B 之间的距离是多少米？如相遇后继续前进，分别到达 A、B 两地后立即返回，第二次相遇在 D 处，问：C、D 之间的距离是多少米？

33. 甲、乙二人从相距 40 千米的 A、B 两地相向往返而行，甲每小时行 4 千米，甲出发后 2 小时乙才出发，乙每小时行 5 千米，二人相遇后继续行走，他们第二次相遇地点距 A 地多少千米？

34. 两列火车同时从甲、乙两站相向而行，第一次相遇在距甲站 40 千米的地方，两车仍以原速度继续前进，各车分别到站后立即返回，又在离乙站 20 千米的地方相遇. 两站相距多少千米？

35. 小冬从甲地向乙地走，小青同时从乙地向甲地走，当各自到达终点后. 又迅速返回，行走过程中，各自速度不变，两人第一次相遇在距甲地 40 米处，第二次相遇在距乙地 15 米处. 问：甲、乙两地的距离是多少米？

36. 甲和乙从东西两地同时出发，相对而行，两地相距 50 千米，甲每小时走 3 千米，乙每小时走 2 千米，几小时两人相遇？如果甲带了一只狗，和甲同时出发，狗以每小时 5 千米的速度向乙奔去，遇到乙即回头向甲奔去；遇到甲又回头向乙奔去，直到甲、乙两人相遇时狗才停住. 问：这只狗共奔了多少千米？

37. 东西两城相距 77 千米，小冬从东向西走，每小时走 5 千米，小希从西向东走，每小时走 6 千米，小丽骑自行车从东向西走，每小时走 15 千米. 三人同时动身，途中小丽遇见了小希即折回向东走，再见到小东又折回向西走，这样往返，一直到三个人在途中相遇为止，小丽共走了多少千米？

## 教学策略

行程问题很多题目的文字叙述比其他题目要长一些，对于小学生来讲，理解题意也就增加了难度. 多数孩子都不愿读长题，首先从心理上就对题目产生了厌倦感和恐惧感，那么势必造成对题目理解得不够，分析得不透彻. 而做行程问题最重要的前提恰恰是要把题意理解透彻，把过程分析清楚，把这前期工作做好了后，后面解题的过程也就会变得简单了.

行程问题是小学奥数中变化最多的一个专题，它在小学数学中拥有非常重要的地位. 行程问题中包括火车过桥、流水行船、沿途数车、猎狗追兔、环形行程、多人行程等. 每一类问题都有自己的特点，解决方法也有所不同，但是，行程问题无论怎么变化，都离不开“三个量，三个关系”.

三个量：路程($s$)、速度($v$)、时间($t$).

三个关系：(1) 简单行程：路程＝速度×时间.

(2) 相遇问题：路程和＝速度和 × 时间

(3) 追击问题：路程差＝速度差 × 时间.

牢牢把握住这三个量以及它们之间的三种关系，就会发现解决行程问题还是有很多方法可循的.

# 第八讲　逻辑推理

在日常生活中，有些问题常常要求我们主要通过分析和推理，而不是计算得出正确的结论，这类判断、推理问题就叫做逻辑推理问题，简称逻辑问题.

## 核心提示

基本方法简介：

(1) 条件分析——假设法：假设可能情况中的一种成立，然后按照这个假设去判断，如果有与题设条件矛盾的情况，说明该假设情况是不成立的，那么其相反情况是成立的. 例如，假设 $a$ 是偶数成立，在判断过程中出现了矛盾，那么 $a$ 一定是奇数.

(2) 条件分析——列表法：当题设条件比较多需要多次假设才能完成时，就需要进行列表来辅助分析. 列表法就是把题设的条件全部表示在一个矩形表格中，表格的行、列分别表示不同的对象与情况，观察表格内的题设情况，运用逻辑规律进行判断.

(3) 条件分析——图表法：当两个对象之间只有两种关系时，就可用连线表示两个对象之间的关系，有连线则表示“是、有”等肯定的状态，没有连线则表示否定的状态. 例如，A 和 B 两人之间有认识或不认识两种状态，有连线表示认识，没有连线表示不认识.

(4) 逻辑计算：在推理的过程中除了要进行条件分析的推理之外，还要进行相应的计算，根据计算的结果为推理提供一个新的判断筛选条件.

(5) 简单归纳与推理：根据题目提供的特征和数据，分析其中存在的规律和方法，从特殊情况推广到一般情况，并递推出相关的关系式，从而得到问题的解决.

## 例题精讲

**【例 1】** 李明、王宁、张林三个男同学各有一个妹妹，六个人在一起打羽毛球，举行混合双打比赛. 事先规定，兄妹二人不许搭伴. 第一局，李明和华华对张林和红红；第二局，张林和玲玲对李明和王宁的妹妹；请你判断，华华、红红、玲玲各是谁的妹妹？

**解析** 因为张林和红红、玲玲都搭伴比赛，根据已知条件，兄妹二人不许搭伴，所以张林的妹妹不是红红和玲玲，只能是华华. 剩下就只有两种可能了. 第一种可能是：李明的妹妹是红红，王宁的妹妹是玲玲；第二种可能是：李明的妹妹是玲玲，王宁的妹妹是红红. 对于第一种可能，第二局比赛是张林和玲玲对李明和王宁的妹妹，如果王宁的妹妹就是玲玲，这样就是张林、李明和玲玲三个人混合双打，不符合实际，所以第一种可能是不成立的，只有第二种可能是合理的. 所以，判断的结果是：张林的妹妹是华华，李明的妹妹是玲玲，王宁的妹妹是红红.

［**举一反三**］

"希望杯"数学竞赛后，小明、小花、小强各获得一枚奖牌，其中一人得金牌，一人得银牌，一人得铜牌. 杨老师猜测："小明得金牌，小花不得金牌，小强不得铜牌."结果杨老师只猜对了一个. 那么他们三人分别得什么奖牌？

**解析** 若"小明得金牌"，小花一定"不得金牌"，这与"王老师只猜对了一个"相矛盾，不合题意.

若小明得银牌，再以小花得奖情况分别讨论. 如果小花得金牌，小强得铜牌，那么杨老师一个也没猜对，不合题意. 如果小花得铜牌，小强得金牌，那么杨老师猜对了两个，也不合题意.

若小明得铜牌，仍以小花得奖情况分别讨论. 如果小花得金牌，小强得银牌，那么杨老师只猜对小强得银牌，符合题意；如果小花得银牌，小强得金牌，那么杨老师猜对了两个，不合题意.

所以，小明、小花、小强分别获得了铜牌、金牌、银牌.

［**拓展练习**］

"雏鹰杯"数学竞赛后，甲、乙、丙、丁四名同学猜测他们之中谁能获奖. 甲说："如果我能获奖，那么乙也能获奖."乙说："如果我能获奖，那么丙也能获奖."丙说："如果丁没获奖，那么我也不能获奖."实际上，他们之中只有一个人没有获奖，并且甲、乙、丙说的话都是正确的. 没获奖的是谁呢？

**解析** 首先根据丙说的话可以推知，丁必能获奖. 否则，假设丁没获奖，那么丙也没能获奖，与"他们之中只有一个没获奖"矛盾.

其次考虑甲是否获奖，假设甲能获奖，那么根据甲说的话可以推知，乙也能获奖；再根据乙说的话又可以推知丙也能获奖，这样就得出四个人全部获奖，不可能. 因此，甲没有获奖.

**【例 2】** 四人打桥牌，某人手中有 13 张牌，四种花色样样有，而且四种花色的张数互不相同. 红桃和方块共 5 张，红桃和黑桃共 6 张，有两张将牌（主牌）. 试问这副牌以什么花色的牌为主？

**解析** 假设红桃为主，那么红桃有 2 张；方块有 3 张；黑桃有 4 张，一位共有 13 张牌，所以草花有 4 张，这样，黑桃和草花张数相同. 与已知条件"四种花色的张数各不相同"矛盾，即红桃不是主牌.

假设方块为主牌，那么方块有 2 张，红桃有 3 张，则黑桃也有 3 张，亦与已知矛盾.

假设草花为主牌，那么草花有 2 张，并且推得红桃＋方块＋黑桃共有 11 张牌，而已知"红桃和方块共5张，红桃和黑桃共6张”，即得红桃＋方块＋红桃＋黑桃＝11，由此得到红桃的张数为零，与已知条件“四种花色都有”矛盾．说明草花也不是主牌．

由此可知，黑桃一定是主牌，即黑桃有2张，红桃有4张，方块有1张，草花有6张．

［**举一反三**］

有三个盒子，甲盒装了两个1克的砝码，乙盒装了两个2克的砝码，丙盒装了一个1克、一个2克的砝码．每个盒子外面所贴的标明砝码质量的标签都是错的．聪明的小刚只从一个盒子里取出一个砝码，放到天平上称了一下，就把所有标签都改正了过来，你知道他是怎么做的吗？

**解析**　解决本题的关键是确定打开哪个盒子．若打开标有“两个1克砝码”的盒子，则该盒的真实内容是“两个2克砝码”或“一个1克砝码、一个2克砝码”，当取出的是2克砝码时，就无法对盒子里的砝码进行准确的判断．同样，打开标有“两个2克砝码”的盒子时，也会遇到类似的情况．所以，应打开标有“一个1克砝码、一个2克砝码”的盒子，而它的真实内容应该是“两个1克砝码”或“两个2克砝码”．

若取出的是1克砝码，则该盒一定装有两个1克砝码，从而标有“两个2克砝码”的盒子里，不可能是两个2克或两个1克的砝码，而只能是一个1克、一个2克的砝码了，标有“两个1克砝码”的盒子里自然装的是两个2克砝码．

若取出的是2克砝码，同理可知，此盒装有两个2克砝码；标有“两个1克砝码”的盒子里实际上是一个1克和一个2克砝码；标有“两个2克砝码”的盒子里实际上是两个1克砝码．

［**拓展练习**］

某校学生中，没有一个学生读过学校图书馆的所有图书，又知道图书馆内任何两本书至少被一个同学都读过，问：能不能找到两个学生甲、乙和三本书A，B，C，甲读过A，B，没读过C，乙读过B，C，没读过A？说明判断过程．

**解析**

方法1：首先从读书数最多的学生中找一人叫他为甲，由题设，甲至少有一本书C未读过，设B是甲读过的书中的一本，根据题设，可找到学生乙，乙读过B，C．

由于甲是读书数最多的学生之一，乙读书数不能超过甲的读书数，而乙读过C书，甲未读过C书，所以甲一定读过一本书A，乙没读过A书，否则乙就比甲至少多读过一本书，这样一来，甲读过A，B，未读过C；乙读过B，C，未读过A．

因此可以找到满足要求的两个学生．

方法2：将全体同学分成两组．

若某丙学生所读的所有的书，都被另一同学全部读过，而后一同学读过的书中，至少有一本书，丙未读过，则丙同学就分在第一组．另外，凡一本书也未读过的同学也分在第一组，其余的同学就分在第二组．

按照以上分组方法，不可能将全体同学都分在第一组，因为读书数最多的同学一定在第二组．

在第二组中，任找一位同学叫做甲，由题设有书 C 甲未读过. 再从甲读过的书中任找一本书叫做 B，由题设，可找到同学乙，乙读过 B，C，由于甲属于第二组，所以甲一定读过一本书 A，乙未读过 A，否则甲只能分在第一组. 这样，甲读过 A，B，未读过 C；乙读过 B，C，未读过 A.

**【例 3】** 甲、乙、丙、丁四位同学的运动衫上印有不同的号码. 赵说："甲是 2 号，乙是 3 号."钱说："丙是 4 号，乙是 2 号."孙说："丁是 2 号，丙是 3 号."李说："丁是1号，乙是 3 号."又知道赵、钱、孙、李每人都只说对了一半. 那么丙的号码是几号？

**解析** 如下所示，先假设赵的前半句话正确，判断一次；再假设赵的后半句正确，判断一次.

矛盾

| 赵说：甲是2号 | √ | ⓪ | 乙是3号 | × | ① |
|---|---|---|---|---|---|
| 钱说：丙是4号 | × | ⑥ | 乙是2号 | √ | ⑦ |
| 孙说：丁是2号 | × | ④ | 丙是3号 | √ | ⑤ |
| 钱说：丁是1号 | √ | ③ | 乙是3号 | × | ② |

| 赵说：甲是2号 | × | ⓪ | 乙是3号 | √ | ① |
|---|---|---|---|---|---|
| 钱说：丙是4号 | √ | ③ | 乙是2号 | × | ② |
| 孙说：丁是2号 | √ | ⑤ | 丙是3号 | × | ④ |
| 钱说：丁是1号 | × | ⑥ | 乙是3号 | √ | ⑦ |

即甲是 1 号，乙是 3 号，丙是 4 号，丁是 2 号. 所以丙的号码是 4 号.

［**举一反三**］

某校数学竞赛，A，B，C，D，E，F，G，H 这 8 位同学获得前 8 名. 老师让他们猜一下谁是第一名. A 说："或者 F 是第一名，或者 H 是第一名."B 说："我是第一名."C 说："G 是第一名."D 说："B 不是第一名."E 说："A 说得不对."F 说："我不是第一名，H 也不是第一名."G 说："C 不是第一名."H 说："我同意 A 的意见."老师指出：8 个人中有 3 人猜对了. 那么第一名是谁？

**解析** 我们抓住谁是第一名这点，一一尝试.

如果 A 是第一名，那么 D，E，F，G 这 4 人都猜对了，不满足；

如果 B 是第一名，那么 B，E，F，G 这 4 人都猜对了，不满足；

如果 C 是第一名，那么 D，E，F 这 3 人都猜对了，满足；

如果 D 是第一名，那么 D，E，F，G 这 4 人都猜对了，不满足；

如果 E 是第一名，那么 D，E，F，G 这 4 人都猜对了，不满足；

如果 F 是第一名，那么 A，D，G，H 这 4 人都猜对了，不满足；

如果 G 是第一名，那么 C，D，E，F，G 这 5 人都猜对了，不满足；

如果 H 是第一名，那么 A，D，G，H 这 4 人都猜对了，不满足.

所以，第一名是 C.

［**拓展练习**］

某参观团根据下列条件从 A，B，C，D，E 这 5 个地方中选定参观地点：①若去 A 地，则也必须去 B 地；②B，C 两地中至多去一地；③D，E 两地中至少去一地；④C，D 两地都去或者都不去；⑤若去 E 地，一定要去 A，D 两地. 那么参观团所去的地点是哪些？

**解析** 假设参观团去了 A 地，由①知一定去了 B 地，由②知没去 C 地，由④知没去 D 地，由③知去了 E 地，由⑤知去了 A、D 两地，矛盾.

所以开始的假设不正确，那么参观团没有去 A 地，由①知也没去 B 地，由②知去了 C 地，由④知去了 D 地，因为 A，D 两地没有都去，所以由⑤知没去 E 地.

即参观团去了 C，D 两地.

**【例 4】** 人的血型通常分为 A 型、B 型、O 型、AB 型. 子女的血型与其父母间的关系下表所示. 现有三个分别身穿红、黄、蓝上衣的孩子，他们的血型依次为 O，A，B. 每个孩子的父母都戴着同颜色的帽子，颜色也分红、黄、蓝三种，依次表示所具有的血型为 AB，A，O. 问：穿红、黄、蓝上衣的孩子的父母各戴什么颜色的帽子？

| 父母的血型 | 子女可能的血型 |
| --- | --- |
| O，O | O |
| O，A | A，O |
| O，B | B，O |
| O，AB | A，B |
| A，A | A，O |
| A，B | A，A，AB，O |
| A，AB | A，B，AB |
| B，B | B，O |
| B，AB | A，B，AB |
| AB，AB | A，B，AB |

**解析**　孩子是 O 型血的父母只能均是 O 型或 A 型血，孩子是 A 型血的父母只能均是 A 型或 AB 型血，孩子是 B 型血的父母只能均是 B 型或 AB 型血.

因为现在这些孩子的父母中没有人是 B 型血，所以孩子是 B 型血的父母均是 AB 型血，孩子是 A 型血的父母只能均是 A 型血，孩子是 O 型血的父母只能均是 O 型血. 即穿红、黄、蓝上衣的孩子父母对应的均是 O，A，AB 型血，对应戴蓝、黄、红颜色帽子.

［举一反三］

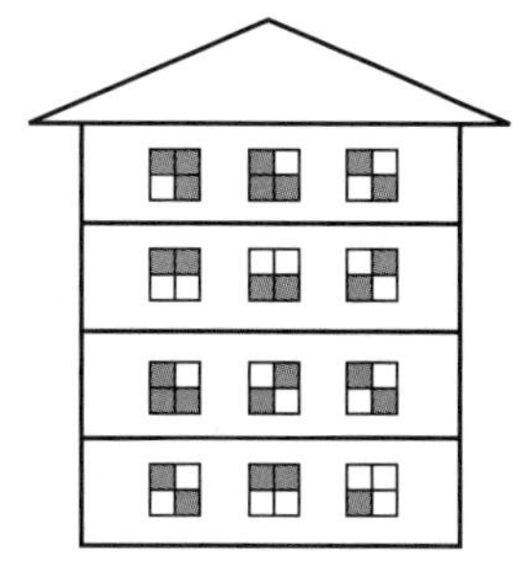

如右图，有一座 4 层楼房，每个窗户的 4 块玻璃分别涂上黑色和白色，每个窗户代表一个数字. 每层楼有 3 个窗户，由左向右表示一个三位数. 4 个楼层表示的三位数为 791，275，362，612. 问：第二层楼表示哪个三位数？

**解析**　因为 275，362，612 均有数字 2，且 362，612 的个位相同，所以有某两层楼的最右边的窗户涂色情况相同，有 4，2 层楼最右的窗户涂色情况相同.

所以 ⊞ 表示 2，有第 1 层的最左边一个窗户也是如此涂色，所以第一层楼表示的数字为 275，所以 ⊞ 表示 7，⊞ 表示 5.

而第三层的最左边的窗户也是⊞涂色，所以第三层表示的数为 791，所以⊞表示 9，⊞表示 1.

第 2 层的中间一个窗户也是⊞涂色，即中间数为 1，所以第二层代表 612.

有四层对应的四个三位数为

3　6　2

7　9　1

6　1　2

2　7　5

[**拓展练习**]

房间里有 12 个人，其中有些人总说假话，其余的人说真话. 其中一个人说："这里没有一个老实人."第二个人说："这里至多有一个老实人."第三个人说："这里至多有两个老实人."如此往下，至第十二个人说："这里至多有 11 个老实人."问房间里究竟有多少个老实人？

**解析**　方法 1：假设这房间里没有老实人，那么第 1 个人的话正确，说正确话的人应该是老实人，矛盾；

假设这房间里只有 1 个老实人，那么第 2～12 个人的话都正确，那么应该有 11 个老实人，矛盾；

假设这房间里只有 2 个老实人，那么第 3～12 个人的话都正确，那么应该有 10 个老实人，矛盾；

假设这房间里只有 3 个老实人，那么第 4～12 个人的话都正确，那么应该有 9 个老实人，矛盾；

假设这房间里只有 4 个老实人，那么第 5～12 个人的话都正确，那么应该有 8 个老实人，矛盾；

假设这房间里只有 5 个老实人，那么第 6～12 个人的话都正确，那么应该有 7 个老实人，矛盾；

假设这房间里只有 6 个老实人，那么第 7～12 个人的话都正确，那么应该有 6 个老实人，满足；

……

以下假设有 7～12 个老实人，均矛盾，所以这个房间里只有 6 个老实人.

方法 2：如果一共有 $n$ 个老实人，则说"至多 0 个老实人""至多 1 个老实人"……"至多 $n-1$ 老实人"的都是骗子；

说"至多 $n$ 个老实人""至多 $n+1$ 个老实人"……"至多 11 个老实人"的都是老实人，共有 $n$ 个老实人、$n$ 个骗子，而一共 12 个人，所以 $n=6$.

综上所述，一共 6 个老实人.

**【例 5】**　甲、乙、丙、丁 4 个同学同在一间教室里，他们当中一个人在做数学题，一个人在念英语，一个人在看小说，一个人在写信. 已知：

① 甲不在念英语，也不在看小说；

② 如果甲不在做数学题，那么丁不在念英语；

③ 有人说乙在做数学题，或在念英语，但事实并非如此；

④ 丁如果不在做数学题，那么一定在看小说，这种说法是不对的；

⑤ 丙既不在看小说，也不在念英语.

那么在写信的是谁？

**解析**　我们将①、③、⑤的条件反应在如下左表中. 表中“√”表示对应列的人在做对应行的事，“×”表示对应列的人不在做对应行的事.

| | 甲 | 乙 | 丙 | 丁 |
|---|---|---|---|---|
| 做数学题 | | × | | |
| 念英语 | × | × | × | |
| 看小说 | × | | × | |
| 写信 | | | | |

| | 甲 | 乙 | 丙 | 丁 |
|---|---|---|---|---|
| 做数学题 | √ | × | | |
| 念英语 | × | × | × | √ |
| 看小说 | × | √ | × | |
| 写信 | | | √ | |

显然只能是丁在念英语，由②知甲在做数学题，那么丙只能在写信. 进一步可以得到如上右表.

［**举一反三**］

在国际饭店的宴会桌旁，甲、乙、丙、丁 4 位朋友进行有趣的交谈，他们分别用了汉语、英语、法语、日语 4 种语言. 并且还知道：

① 甲、乙、丙各会两种语言，丁只会一种语言；

② 有一种语言 4 人中有 3 人都会；

③ 甲会日语，丁不会日语，乙不会英语；

④ 甲与丙、丙与丁不能直接交谈，乙与丙可以直接交谈；

⑤ 没有人既会日语，又会法语.

请根据上面的情况，判断他们各会什么语言.

**解析**　由条件③，④知丙不会日语，⑤知甲不会法语. 如下表，×表示不会这门语言，√表示会这门语言.

| | 汉 | 英 | 法 | 日 |
|---|---|---|---|---|
| 甲 | | | × | √ |
| 乙 | | × | | |
| 丙 | | | | × |
| 丁 | | | | × |

由丙会不会作为突破口：

第一种情况：如果丙会汉语，那么由④“甲与丙不能直接交谈”知甲不会汉语，由①知甲会英语，那么丙不会英语，会法语，如下左表.

| | 汉 | 英 | 法 | 日 |
|---|---|---|---|---|
| 甲 | × | √ | × | √ |
| 乙 | | × | | |
| 丙 | √ | × | √ | × |
| 丁 | | | | × |

| | 汉 | 英 | 法 | 日 |
|---|---|---|---|---|
| 甲 | × | √ | × | √ |
| 乙 | | × | | |
| 丙 | √ | × | √ | × |
| 丁 | × | √ | × | × |

由④"丙不能与丁直接交谈",所以丁不会汉语也不会法语,那么丁会英语.由上右表知,这样就没有一种语言3人都会,与②矛盾,所以开始的假设不正确.

第二种情况:丙不会汉语,由①知丙会英语、法语.由④"甲与丙不能直接交谈",所以甲不会英语,由①知甲会汉语.

由④"丙与丁不能直接交谈",所以丁不会英语,也不会法语.由①知丁会汉语,由上左表与②知只能是汉语三者都会.

所以乙会汉语,因为④,乙与丙能直接交谈,所以乙会法语,由①知乙不会日语.最终情况如上右表.

[**拓展练习**]

甲、乙、丙3个学生分别戴着3种不同颜色的帽子,穿着3种不同颜色的衣服去参加活动.已知:

① 帽子和衣服的颜色都只有红、黄、蓝3种;

② 甲没戴红帽子,乙没戴黄帽子;

③ 戴红帽子的学生没有穿蓝衣服;

④ 戴黄帽子的学生穿着红衣服;

⑤ 乙没有穿黄色衣服.

试问:甲、乙、丙3人各戴什么颜色的帽子,穿什么颜色的衣服?

**解析**

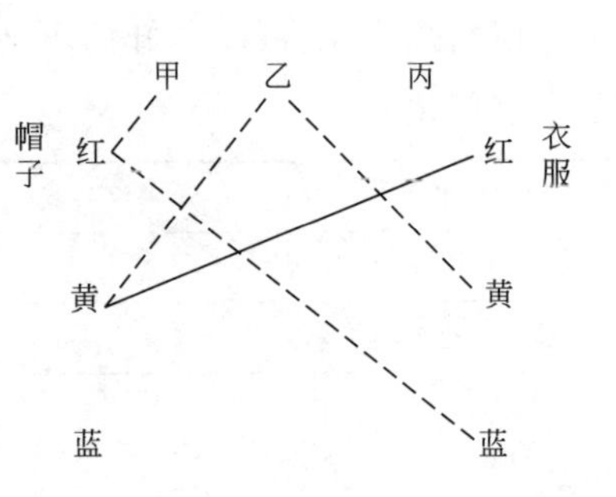


如右图所示,其中实线表示两端需同时成立.虚线表示两端不能同时成立.因为戴黄帽子的穿红衣服,而戴红帽子的又不穿蓝衣服,所以对戴红帽子的人而言只能穿黄衣服,所以戴蓝帽子的只能穿蓝衣服.

乙不穿黄衣服,又不带黄帽子→不穿红衣服,所以乙只能穿蓝衣服,即乙—蓝帽子—蓝衣服.

甲不戴红帽子,而乙戴蓝帽子,所以甲戴黄帽子,即甲—黄帽子—红衣服,所以丙—红帽子—黄衣服.

即甲戴黄帽子,穿红衣服;乙戴蓝帽子,穿蓝衣服;丙戴红帽子,穿黄衣服.

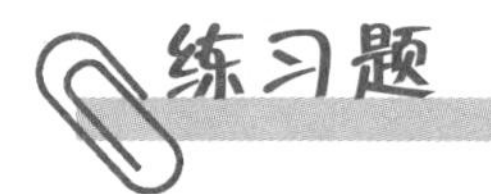


1. 从前一个国家里住着两种居民，一个叫宝宝族，他们永远说真话；另一个叫毛毛族，他们永远说假话. 一个外地人来到这个国家，碰见三位居民，他问第一个人："请问，你是哪个民族的人?"

"匹兹乌图."那个人回答.

外地人听不懂，就问其他两个人："他说的是什么意思?"

第二个人回答："他说他是宝宝族的."

第三个人回答："他说他是毛毛族的."

那么，第一个人是________族，第二个人是________族，第三个人是________族.

2. 有四个人各说了一句话.

第一个人说："我是说实话的人."

第二个人说："我们四个人都是说谎话的人."

第三个人说："我们四个人只有一个人是说谎话的人."

第四个人说："我们四个人只有两个人是说谎话的人."

请你确定：第一个人说________话，第二个人说________话，第三个人说________话，第四个人说________话.

3. 某地质学院的三名学生对一种矿石进行分析.

甲判断：不是铁，不是铜.

乙判断：不是铁，而是锡.

丙判断：不是锡，而是铁.

经化验证明，有一个人判断完全正确，有一人只说对了一半，而另一人则完全说错了.

那么，三人中________是对的，________是错的，________只对了一半.

4. 甲、乙、丙、丁四人参加一次数学竞赛. 赛后，他们四个人预测名次的谈话如下：

甲："丙第一名，我第三名."

乙："我第一名，丁第四名."

丙："丁第二名，我第三名."

丁没说话.

最后公布结果时，发现他们的预测都只对了一半. 请你说出这次竞赛的甲、乙、丙、丁四人的名次.

甲是第________名，乙是第________名，丙是第________名，丁是第________名.

5. 王春、陈刚、殷华当中有一人做了件坏事，李老师在了解情况中，他们三人分别说了下面几句话：

陈刚："我没做这件事. 殷华也没做这件事."

王春："我没做这件事.陈刚也没做这件事."

殷华："我没做这件事.也不知道谁做了这件事."

当老师追问时，得知他们都讲了一句真话，一句假话，则做坏事的人是________.

6. 三个班的代表队进行 $N(N\geqslant 2)$ 次篮班比赛，每次第一名得 $a$ 分，第二名得 $b$ 分，第三名得 $c$ 分（$a,b,c$ 为整数，且 $a>b>c>0$）.现已知这 $N$ 次比赛中一班共得 20 分，二班共得 10 分，三班共得 9 分，且最后一次二班得了 $a$ 分，那么第一次得了 $b$ 分的是________班.

7. A，B，C，D 四个队举行足球循环赛（即每两个队都要赛一场），胜一场得 3 分，平一场得 1 分，负一场得 0 分.已知：

(1) 比赛结束后四个队的得分都是奇数；

(2) A 队总分第一；

(3) B 队恰有两场平局，并且其中一场是与 C 队平局.那么，D 队得________分.

8. 六个足球队进行单循环比赛，每两队都要赛一场.如果踢平，每队各得 1 分，否则胜队得 3 分，负队得 0 分.现在比赛已进行了四轮（每队都已与 4 个队比赛过），各队 4 场得分之和互不相同.已知总得分居第三位的队共得 7 分，并且有 4 场球赛踢成平局，那么总得分居第五位的队最多可得________分，最少可得________分.

9. 甲、乙、丙、丁四个队参加足球循环赛，已知甲、乙、丙的情况列在下表中

| | 已赛场数 | 胜(场数) | 负(场数) | 平(场数) | 进球数 | 失球数 |
|---|---|---|---|---|---|---|
| 甲 | 2 | 1 | 0 | 1 | 3 | 2 |
| 乙 | 3 | 2 | 0 | 1 | 2 | 0 |
| 丙 | 2 | 0 | 2 | 0 | 3 | 5 |

由此可推知，甲与丁的比分为________，丙与丁的比分为________.

10. 某俱乐部有 11 个成员，他们的名字分别是 A～K.这些人分为两派，一派人总说实话，另一派人总说谎话.某日，老师问："11 个人里面，总说谎话的有几个人?"那天，J 和 K 休息，余下的 9 个人这样回答：

A 说："有 10 个人."

B 说："有 7 个人."

C 说："有 11 个人."

D 说："有 3 个人."

E 说："有 6 个人."

F 说："有 10 个人."

G 说："有 5 个人."

H 说："有 6 个人."

I 说："有 4 个人."

那么，这个俱乐部的 11 个成员中，总说谎话的有________个人.

## 教学策略

由于数学学科的特点，可以通过数学的学习来培养青少年的逻辑推理能力.

解决逻辑推理问题的基本方法有“表格法”“假设法”与“排除法”. 要从所给的条件中理清各部分之间的关系，然后进行分析推理，排除一些不可能的情况，逐步归纳，找到正确答案.

# 第九讲　鸡兔同笼问题

## 课题解析

鸡兔同笼问题是我国古代著名趣题之一.大约在1500年前,《孙子算经》中就记载了这个有趣的问题.书中是这样叙述的:“今有鸡兔同笼,上有三十五头,下有九十四足,问鸡兔各几何?”意思是:有若干只鸡兔同在一个笼子里,从上面数,有35个头;从下面数,有94只脚.求笼中各有几只鸡和兔?

## 核心提示

解答思路:假如砍去每只鸡、每只兔一半的脚,则每只鸡就变成了“独脚鸡”,每只兔就变成了“双脚兔”.这样,鸡和兔的脚的总数就由94只变成了47只;如果笼子里有一只兔子,则脚的总数就比头的总数多1.因此,脚的总只数47与总头数35的差,就是兔子的只数,即12只.显然,鸡的只数就是23只了.

这一思路新颖而奇特,其“砍足法”也令古今中外数学家赞叹不已.除此之外,“鸡兔同笼”问题的经典思路“假设法”.

假设法顺口溜:鸡兔同笼很奥妙,用假设法能做到,假设里面全是鸡,算出共有几只脚,和脚总数做比较,做差除二兔找到.

解鸡兔同笼问题的基本关系式是:

(1) 如果假设全是兔,则有

鸡数=(每只兔子脚数×鸡兔总数－实际脚数)÷(每只兔子脚数－每只鸡的脚数)

兔数=鸡兔总数－鸡数

(2) 如果假设全是鸡,则有

兔数=(实际脚数－每只鸡脚数×鸡兔总数)÷(每只兔子脚数－每只鸡的脚数)

鸡数=鸡兔总数－兔数

(3) 当头数一样时,脚的关系:兔子是鸡的2倍.

(4) 当脚数一样时,头的关系:鸡是兔子的2倍.

在学习的过程中,应注重假设法的运用,渗透假设法的重要性.在以后的专题中(如工程、行程、方程等)都会接触到假设法

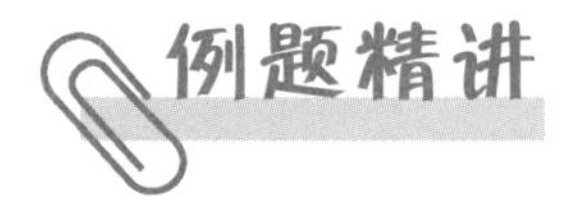

## 板块一　两个对象的“鸡兔同笼”

**【例 1】** 鸡兔同笼，头共 46，足共 128，鸡兔各几只？

**解析**　假设 46 只都是兔，一共应有 4×46=184(只)脚，这和已知的 128 只脚相比多了 56 只脚，这是因为我们把鸡当成了兔子，如果把 1 只鸡当成 1 只兔，就要比实际多 4－2=2 (只)脚，那么 56 只脚是我们把 28 只鸡当成了兔子，所以鸡的只数就是 28 ，兔的只数是 46－28=18(只). 当然，这里也可以假设 46 只全是鸡. 鼓励学生从两个方面假设解题，更深一步理解假设法.

[**举一反三**]

1. 鸡兔共有 45 只，关在同一个笼子中. 每只鸡有两条腿，每只兔子有四条腿，笼中共有 100 条腿. 试计算，笼中有鸡多少只？兔子多少只？

**解析**　方法 1:假设法. 若假设所有的 45 只动物都是兔子，那么一共应该有 4×45=180(条)腿，比实际多算 180－100=80(条)腿. 而每将一只鸡算做一只兔子会多算两条腿，所以有 80÷2=40(只)鸡被当作了兔子，所以共有 40 只鸡，有 45－40=5(只)兔子.

注意:假设为兔子时，按照“多算的腿数”计算出的是鸡的数目；假设为鸡时，按照“少算的腿数”计算出的是兔子的数目. 同学们可以自己来做一下当假设为鸡时的算法.

方法 2:“金鸡独立”法(砍足法). 假设所有的动物都只用一半的腿站立，这样就出现了鸡都变成了“金鸡独立”，而兔子们都只用两条腿站立的“奇观”. 这样就有一个好处:鸡的腿数和头数一样多了；而每只兔子的腿数则会比头数多 1. 因此，在腿的数目都变成原来的一半的时候，腿数比头数多多少，就有多少只兔子. 原来有 100 只腿，让兔子都抬起两只腿，鸡抬起一只腿，则此时笼中有 100÷2=50(条)腿，比头数多 50－45=5，所以有 5 只兔子，另外 40 只是鸡.

2. 在一个停车场上，现有车辆 41 辆，其中汽车有 4 个轮子，摩托车有 3 个轮子，这些车共有 127 个轮子，那么三轮摩托车有多少辆？

**解析**　假设都是三轮摩托车，应有 3×41=123(个)轮子，少了 127－123=4(个)轮子. 每把一辆汽车假设为三轮摩托车，会减少 4－3=1(个)轮子. 汽车有 4÷1=4(辆)；从而求出三轮摩托车有 41－4=37(辆). 或者假设都是汽车，应有 4×41=164(个)轮子，多了 164－127=37(个)轮子；所以摩托车有 37÷(4－3)=37(辆).

[**拓展练习**]

体育老师买了运动服上衣和裤子共 21 件，共用了 439 元，其中上衣每件 24 元，裤子每件 19 元，问老师买上衣和裤子各多少件？

**解析** 假设买的都是上衣，那么裤子的件数为(24×21－439)÷(24－19)＝13(件)，上衣 21－13＝8(件)．

**【例 2】** 孙阿姨有 2 元人民币和 5 元人民币共 62 张，合计 226 元，孙阿姨这两种人民币各有多少张？

**解析** 假设这 62 张人民币全是 2 元的，共计 2×62＝124(元)，比实际的钱数少了 226－124＝102(元)．

这是因为 5 元的全部假设成 2 元的，一张就少了 5－2＝3(元)，那么可知 5 元的共有 102÷3＝34(张)，2 元的有 62－34＝28(张)．

**[举一反三]**

1．小华用二元五角钱买了面值 2 角和 1 角的邮票共 17 张，问两种邮票各买了多少张？

**解析** 二元五角＝250 分；1 角＝10 分；2 角＝20 分．

假设都是 10 分邮票：10×17＝170(分)，比实际少了 250－170＝80(分)，每张邮票相差钱数：20－10＝10(分)，有 2 角邮票 80÷10＝8(张)，有 1 角邮票 17－8＝9(张)．

2．有 1 元和 5 元的人民币共 17 张，合计 49 元，两种面值的人民币各有多少张？

**解析** 该题求两种面值的人民币各有多少张，已知总张数 17 张，但两种不同面值的人民币张数相差多少难以确定，怎么办？再分析题意，又知两种面值的人民币的总钱数，及各自的票面值，但两种人民币相差的钱数也难以确定，这又怎么办？我们可用“假设法”思考．假设 17 张人民币全是 5 元的，总钱数则为 5×17＝85(元)，比实际的 49 元多出 85－49＝36(元)，多的原因是把 l 元的人民币假设为 5 元的人民币了，用数量关系式表示为

每张 5 元币比 1 元币多的钱×1 元币的张数＝比实际多的钱

根据这一数量关系式，可先求 1 元人民币的张数．

方法 1： (5×17－49)÷(5－1)＝9(张)

17－9＝8(张)

验算： 1×9＋5×8＝49(元)

也可以假设 17 张人民币全是 1 元的，便可有另一解法．

方法 2： (49－1×17)÷(5－1)－8(张)

17－8＝9(张)

3．小同有一个储蓄筒，存放的都是硬币，其中 2 分币比 5 分币多 22 个；按钱数算，5 分币却比 2 分币多 4 角；另外，还有 36 个 1 分币．小同共存了多少钱？

**解析** 假设去掉 22 个 2 分币，那么按钱数算，5 分币比 2 分币多 8 角 4 分，一个 5 分币比一个 2 分币多 3 分，所以 5 分币有 84÷(5－2)＝28(个)，2 分币有 28＋22＝50(个)，5×28＋2×50＋1×36＝140＋100＋36＝276(分)．

［**拓展练习**］

买一些 4 分和 8 分的邮票，共花 6 元 8 角. 已知 8 分的邮票比 4 分的邮票多 40 张，那么两种邮票各买了多少张？

**解析**　方法 1：如果拿出 40 张 8 分的邮票，余下的邮票中 8 分与 4 分的张数就一样多.

$$(680-8\times40)\div(8+4)=30(\text{张})$$

这就知道，余下的邮票中，8 分和 4 分的各有 30 张.

因此 8 分邮票有 $40+30=70$(张).

方法 2：假设有 20 张 4 分，根据条件"8 分比 4 分多 40 张"，那么应有 60 张 8 分. 以“分”作为计算单位，此时邮票总值是 $4\times20+8\times60=560$(分).

比 680 分少，因此还要增加邮票. 为了保持"差"是 40，每增加 1 张 4 分，就要增加 1 张 8 分，每种要增加的张数是 $(680-4\times20-8\times60)\div(4+8)=10$(张).

因此 4 分有 $20+10=30$(张)，8 分有 $60+10=70$(张).

**【例 3】**　动物园里养了一些梅花鹿和鸵鸟，共有脚 208 只，鸵鸟比梅花鹿多 20 只，梅花鹿和鸵鸟各有多少只？

**解析**　假设梅花鹿和鸵鸟的只数相同，则从总脚数中减去鸵鸟多的 20 只的脚数得 $208-20\times2=168$(只). 这 168 只脚是梅花鹿的脚数和鸵鸟的脚数(注意此时梅花鹿和鸵鸟的只数相同)脚数的和，一只梅花鹿和一只鸵鸟的脚数和是 $2+4=6$(只)，所以梅花鹿的只数是 $168\div6=28$(只)，从而鸵鸟的只数是 $28+20=48$(只). (本题也可给学生讲成“捆绑法”，一鸡一兔一组，这个分组是由倍数关系得到的)

［**举一反三**］

1. 一个养殖园内，鸡比兔多 36 只，共有脚 792 只，鸡兔各几只？

**解析**　已知鸡比兔多 36 只，如果把多的 36 只鸡拿走，剩下的鸡兔只数就相等了，拿走的 36 只鸡有 $2\times36=72$(只)脚，可知现在剩下 $792-72=720$(只)脚，一只鸡与一只兔有 6 只脚，那么兔有 $720\div6=120$(只)，鸡有 $120+36=156$(只).

2. 鸡兔同笼，鸡、兔共有 107 只，兔的脚数比鸡的脚数多 56 只，问鸡、兔各多少只？

**解析**　这道例题和前面的例题有所不同，前面的题是已知头数之和和脚数之和求各有几只，而这道题是已知头数之和和脚数之差，这样就比前面的例题增加了一点难度. 我们用两种方法来解这道题.

方法 1：考虑如果补上鸡脚少的 56 只，那么就要增加 $56\div2=28$(只)鸡. 这样一来，鸡、兔共有 $107+28=135$(只)，这时鸡脚、兔脚一样多.

已知一只鸡的脚数是一只兔的一半，而现在鸡脚、兔脚相同，可知鸡的只数是兔的 2 倍，根据和倍问题有：

兔有：$135\div(2+1)=45$(只)

鸡有：$135-45-28=62$(只)或者 $107-45=62$(只).

方法 2：不妨假设 107 只都是兔，没有鸡，那么就有兔脚 $107\times4=428$（只），而鸡的脚数为零. 这样兔脚比鸡脚多 428 只，而实际上只多 56 只，这说明假设的兔脚比鸡脚多的数比实际上多 $428-56=372$（只）. 现在以鸡换兔，每换一只，兔脚减少 4 只，鸡脚增加 2 只，即兔脚与鸡脚的总数差就会减少 $4+2=6$（只）.

鸡的只数：$372\div6=62$（只）.

兔的只数：$107-62=45$（只）.

3. 鸡、兔共 100 只，鸡脚比兔脚多 20 只. 问：鸡、兔各多少只？

**解析** 假设 100 只都是鸡，没有兔，那么就有鸡脚 200 只，而兔的脚数为零. 这样鸡脚比兔脚多 200 只，而实际上只多 20 只，这说明假设的鸡脚比兔脚多的数比实际上多 $200-20=180$（只）. 现在以兔换鸡，每换一只，鸡脚减少 2 只，兔脚增加 4 只，即鸡脚比兔脚多的脚数中就会减少 $4+2=6$（只），而 $180\div6=30$，因此有兔子 30 只，鸡 $100-30=70$（只）.

[**拓展练习**]

现有大小油桶 50 个，每个大桶可装油 4 千克，每个小桶可装油 2 千克，大桶比小桶共多装油 20 千克，问大小桶各多少个？

**解析** 方法 1：假设 50 个油桶都是大桶，则共装油 $4\times50=200$（千克），而这小桶所装油则为 0. 这样大桶比小桶多装 200 千克，比条件所给的差数多了 $200-20=180$（千克），若在 50 个大桶中把一部分大桶换成小桶，则每拿一个大桶换成小桶，大桶装的油就减少 4 千克，而小桶共装的油就增加 2 千克，那么大桶比小桶多装的数量就减少 $4+2=6$（千克），那么该把多少个大桶换成小桶才符合题意呢？

$(4\times50-20)\div(4+2)=180\div6=30$（个） （小桶）

$50-30=20$（个） （大桶）

方法 2：这道题也可以用另外一种假设. 每个大桶比每个小桶多装 2 千克，如果大小桶同样多，大桶要比小桶共多装 20 千克，则应该大小桶各 $20\div(4-2)=10$ 个，现在共有 50 个桶，在剩下的 $50-10\times2=30$（个）桶中，大小桶应装同样多的油，而每个大桶装的油是每个小桶装的 $4\div2=2$（倍），那么在这 30 个桶中，应该有 $30\div(1+2)=10$（个）大桶，$30-10=20$（个）小桶；所以可求出 50 个桶中有大小桶各多少个.

$20\div(4-2)=10$（个）

$(50-10\times2)\div(1+2)=10$（个） （大桶）

$10+10=20$（个） （大桶共有）

$50-20=30$（个） （小桶共有）

**【例 4】** 工人运青瓷花瓶 250 个，规定完整运到目的地一个给运费 20 元，损坏一个倒赔 100 元. 运完这批花瓶后，工人共得 4 400 元，则损坏了多少个？

**解析** 本题中“损坏一个倒赔 100 元”的意思是损坏 1 个花瓶不但得不到 20 元的运费，而且要额外付出 100 元，即运一个完好的花瓶与损坏 1 个花瓶相差 $100+20=120$（元），本例可假设

250 个花瓶都完好，这样可得运费 $20\times250=5\,000$(元)．这样比实际多得 $5\,000-4\,400=600$(元)．

就是因为有损坏的瓶子，损坏 1 个花瓶相差 120 元．现共相差 600 元，从而求出共损坏多少个花瓶．根据以上分析，可得损坏了 $(20\times2\,50-4400)\div(100+20)=5$(个)．

［举一反三］

1．乐乐百货商店委托搬运站运送 100 只花瓶．双方商定每只运费 1 元，但如果发生损坏，那么每打破一只不仅不给运费，而且还要赔偿 1 元，结果搬运站共得运费 92 元．问：搬运过程中共打破了几只花瓶？

**解析**　假设 100 只花瓶在搬运过程中一只也没有打破，那么应得运费 $1\times100=100$(元)．实际上只得到 92 元，少得 $100-92=8$(元)．搬运站每打破一只花瓶要损失 $1+1=2$(元)．因此共打破花瓶 $8\div2=4$(只)．

2．有一辆货车运输 2 000 只玻璃瓶，运费按到达时完好的瓶子数目计算，每只 2 角，如有破损，破损瓶子不给运费，还要每只赔偿 1 元．结果得到运费 379.6 元，问这次搬运中玻璃瓶破损了几只？

**解析**　如果没有破损，运费应是 400 元．但破损一只要减少 $1+0.2=1.2$(元)．因此破损只数是 $(400-379.6)\div(1+0.2)=17$(只)．

3．甲、乙两人进行射击比赛，约定每中一发得 20 分，脱靶一发扣 12 分，两人各打 10 发，共得 208 分，最后甲比乙多得 64 分，乙打中________发．

**解析**　乙得分为 $(208-64)\div2=72$(分)，如果乙每发都打中可以得 $20\times10=200$(分)，脱靶一发少 $20+12=32$(分)；乙脱靶 $(200-72)\div32=4$(发)，所以乙打中 $10-4=6$(发)．

［拓展练习］

1．一张数学试卷，只有 25 道选择题．做对一题得 4 分，做错一题倒扣 1 分；如不做，不得分也不扣分．若小明得了 78 分，那么他做对________题，做错________题，没做________题．

**解析**　这道题不是普通的鸡兔同笼问题，需要寻找一些特殊的线索．

小明得了 78 分，而且只有做对了题目才能得分．$78\div4>19$，所以可以知道小明至少做对 20 道题目，否则一定低于 $4\times19=76$(分)；再假设他做对 21 题，发现即使另外四题都错，小明仍然有 $4\times21-1\times4=80$(分)，超过了 78 分，所以小明至多做对 20 道题目；综上，可以断定小明做对了 20 道题．

至此本题转化为简单鸡兔同笼问题．

假设剩下 5 题全部没做，那么小明应得 $4\times20=80$(分)．但是只得了 78 分，说明又倒扣了 2 分，说明错了 2 道题，3 道题没做．所以小明做对了 20 道题，做错了 2 道题，没做 3 道题．

2．有两次自然测验，第一次 24 道题，答对 1 题得 5 分，答错(包含不答)1 题倒扣 1 分；第二次 15 道题，答对 1 题 8 分，答错或不答 1 题倒扣 2 分，小明两次测验共答对 30 道题，但第一次测验得分比第二次测验得分多 10 分，问小明两次测验各得多少分？

**解析**　方法 1：如果小明第一次测验 24 题全对，得 $5\times24=120$(分)．那么第二次只做对 $30-$

24=6(题)得分是 8×6－2×(15－6)=30(分). 两次相差 120－30=90(分). 比题目中条件相差 10 分,多了 80 分. 说明假设的第一次答对题数多了,要减少. 第一次答对减少一题,少得 5+1=6(分),而第二次答对增加一题不但不倒扣 2 分,还可得 8 分,因此增加 8+2=10 分. 两者两差数就可减少 6+10=16(分). (90－10)÷(6+10)=5(题). 因此,第一次答对题数要比假设(全对)减少 5 题,也就是第一次答对 19 题,第二次答对 30－19=11(题). 第一次得分 5×19－1×(24－9)=90. 第二次得分 8×11－2×(15－11)=80.

方法 2:答对 30 题,也就是两次共答错 24+15－30=9(题). 第一次答错一题,要从满分中扣去 5+1=6(分),第二次答错一题,要从满分中扣去 8+2=10(分). 答错题互换一下,两次得分要相差 6+10=16 (分). 如果答错 9 题都是第一次,要从满分中扣去 6×9(分). 但两次满分都是 120 分. 比题目中条件"第一次得分多 10 分",要少了 6×9+10(分).

因此,第二次答错题数是(6×9+10)÷(6+10)=4(题).

第一次答错 9－4=5(题).

第一次得分 5×(24－5)－1×5=90(分).

第二次得分 8×(15－4)－2×4=80 (分).

## 板块二　多个对象的"鸡兔同笼"

**【例 5】** 有蜘蛛、蜻蜓、蝉三种动物共 18 只,共有腿 118 条,翅膀 20 对(蜘蛛 8 条腿;蜻蜓 6 条腿,两对翅膀;蝉 6 条腿,一对翅膀),求蜻蜓有多少只?

**解析** 这是在鸡兔同笼基础上发展变化的问题. 观察数字特点,蜻蜓、蝉都是 6 条腿,只有蜘蛛 8 条腿. 因此,可先从腿数入手,求出蜘蛛的只数. 我们假设三种动物都是 6 条腿,则总腿数为 6×18=108(条),所差 118－108=10(条),必然是由于少算了蜘蛛的腿数而造成的. 所以,应有(118－108)÷(8－6)=5(只)蜘蛛. 这样剩下的 18－5=13(只)便是蜻蜓和蝉的只数. 再从翅膀数入手,假设 13 只都是蝉,则总翅膀数 1×13=13(对),比实际数少 20－13=7(对),这是由于蜻蜓有两对翅膀,而我们只按一对翅膀计算所差,这样蜻蜓只数可求 7÷(2－1)=7(只).

[**举一反三**]

食品店上午卖出每千克为 20 元、25 元、30 元的 3 种糖果共 100 千克,共收入 2 570 元. 已知其中售出每千克 25 元和每千克 30 元的糖果共收入了 1 970 元,那么,每千克 25 元的糖果售出了多少千克?

**解析** 每千克 25 元和每千克 30 元的糖果共收入了 1 970 元,则每千克 20 元的收入 2 570－1 970=600(元),所以卖出 600÷20=30(千克),卖出每千克 25 元和每千克 30 克的糖果共100－30=70(千克),相当于将题目转换成:卖出每千克 25 元和每千克 30 克的糖果共 70 千克,收入 1 970 元,问:每千克 25 元的糖果售出了多少千克? 转换成了最基本的鸡兔同笼问题. 关键:将三种以及更多的动物/东西,转化为两种最基本模型. 即抓住转化后的"头"与"脚".

[**拓展练习**]

犀牛、羚羊、孔雀三种动物共有头 26 个，脚 80 只，犄角 20 只. 已知犀牛有 4 只脚、1 只犄角，羚羊有 4 只脚、2 只犄角，孔雀有 2 只脚、没有犄角. 那么，犀牛、羚羊、孔雀各有几只？

**解析**　这道题有三种不同的动物混合在一起，这样假设起来会比较麻烦. 像前面的题一样，我们可以观察一下：虽然有三种不同的动物，但是犀牛和羚羊都是 4 只脚，这样，只看脚数，就可以把孔雀与这两种动物分开，转化成我们熟悉的“鸡兔同笼”问题，然后再通过犄角的不同，把犀牛和羚羊分开，也就是说我们需要做两次“鸡兔同笼”.

假设 26 只都是孔雀，那么就有脚 $26\times2=52$(只)，比实际的少 $80-52=28$(只)，这说明孔雀多了，需要增加犀牛和羚羊. 每增加一只犀牛或羚羊，减少一只孔雀，就会增加脚数 $4-2=2$(只). 所以，孔雀有 $26-28\div2=12$(只)，犀牛和羚羊总共有 $26-12=14$(只).

假设 14 只都是犀牛，那么就有犄角 $14\times1=14$(只)，比实际的少 $20-14=6$(只)，这说明犀牛多了羚羊少了，需要减少犀牛增加羚羊. 每增加一只羚羊，减少一只犀牛，犄角数就会增加 $2-1=1$(只)，所以，羚羊的只数 $6\div1=6$(只)，犀牛的只数 $14-6=8$(只).

这道题出现了三种动物，关键是寻找不同动物的相同点，把三种动物化为两类，先使用“鸡兔同笼”问题的解法把另外特殊的一种区分出来，再使用另外条件区分具有相同点的动物.

**【例 6】**　在一次考试中有选择题、填空题和解答题三类题共 22 道. 选择题和填空题每题 4 分，解答题每题 10 分. 这次考试总分是 100 分，其中选择题和解答题的分值比填空题多 4 分，这次考试有多少道选择题？多少道填空题？多少道解答题？

**解析**　选择题和填空题的分值一样，可以归为一类. 如果这次考试的 22 道题全是解答题，则总分应是 $22\times10=220$(分)，但实际总分是 100 分，所以选择题和填空题共有 $(220-100)\div(10-4)=20$ (道)，解答题有 $22-20=2$(道). 选择题比填空题少 $2\times10-4=16$(分)，选择题有 $(100-2\times10-16)\div2\div4=8$(道)，填空题有 $20-8=12$(道).

[**举一反三**]

1. 商店出售大、中、小三种球，大球每个 3 元，中球每个 1.5 元，小球每个 1 元. 张老师用 120 元共买了 55 个球，其中买中球的钱与买小球的钱恰好一样多. 问每种球各买几个？

**解析**　因为总钱数是整数，大，小球的价钱也都是整数，所以买中球的钱数是整数，而且还是 3 的整数倍. 我们设想买中球，小球钱中各出 3 元. 就可买 2 个中球、3 个小球. 因此，可以把这两种球看作一种，每个价钱是 $(1.5\times2+1\times3)\div(2+3)=1.2$(元).

从公式可算出，大球个数是 $(120-1.2\times55)\div(3-1.2)=30$(个).

买中、小球钱数各是 $(120-30\times3)\div2=15$(元).

可买 10 个中球，15 个小球.

2. 某商场为招揽顾客举办购物抽奖. 奖金有三种：一等奖 1 000 元，二等奖 250 元，三等奖 50 元. 共有 100 人中奖，奖金总额为 9 500 元. 问二等奖有多少名？

**解析**　假设全是三等奖，共有 9 500÷50=190(人)中奖，比实际多 190－100=90(人).

1 000÷50=20，也就是说：把 20 个三等奖换成一个一等奖，奖金总额不变，而人数减少了 20－1=19(人)；250÷50=5，也就是说：把 5 个三等奖换成一个二等奖，奖金总额不变，而人数减少了：5－1=4(人). 因为多出的是 90 人，而 90=19×2+4×13.

即要使总人数为 100，只需要把 20×2=40(个)三等奖换成 2 个一等奖，把 5×13=65(个)三等奖换成 13 个二等奖就可以了. 所以，二等奖有 13 个人.

3. 有 50 位同学前往参观，乘电车前往每人 1.2 元，乘小巴前往每人 4 元，乘地下铁路前往每人 6 元. 这些同学共用了车费 110 元，问其中乘小巴的同学有多少位？

**解析**　由于总钱数 110 元是整数，小巴和地铁票也都是整数，因此乘电车前往的人数一定是 5 的整数倍. 如果有 30 人乘电车，110－1.2×30=74(元).

还余下 50－30=20(人)都乘小巴钱也不够. 说明假设的乘电车人数少了.

如果有 40 人乘电车 110－1.2×40=62(元).

还余下 50－40=10(人)都乘地下铁路前往，钱还有多(62>6×10). 说明假设的乘电车人数又多了. 30 至 40 之间，只有 35 是 5 的整数倍.

现在又可以转化成“鸡兔同笼”了：

总头数 50－35=15，总脚数 110－1.2×35=68.

因此，乘小巴前往的人数是(6×15－68)÷(6－4)=11.

[**拓展练习**]

学校组织新年游艺晚会，用于奖品的铅笔、圆珠笔和钢笔共 232 支，共花了 300 元. 其中铅笔数量是圆珠笔的 4 倍. 已知铅笔每支 0.60 元，圆珠笔每支 2.7 元，钢笔每支 6.3 元. 问三种笔各有多少支？

**解析**　从条件“铅笔数量是圆珠笔的 4 倍”，这两种笔可并成一种笔，四支铅笔和一支圆珠笔成一组，这一组的笔，每支价格算作(0.60×4+2.7)÷5=1.02(元).

现在转化成价格为 1.02 元和 6.3 元两种笔. 用"鸡兔同笼"公式可算出，钢笔支数是

$$(300-1.02\times232)\div(6.3-1.02)=12(支).$$

铅笔和圆珠笔共 232－12=220(支).

其中圆珠笔 220÷(4+1)=44(支).

铅笔 220－44=176(支).

## 练习题

1. 鸡兔同笼，上有 35 头，下有 94 足，求笼中鸡兔各几只？

2. 鸡兔同笼，鸡比兔多 26 只，足数共 274 只，问鸡、兔各几只？

3. 100 个和尚 160 个馍，大和尚 1 人分 3 个馍，小和尚 1 人分 1 个馍. 问：大、小和尚各有

多少人？

4. 春风小学 3 名同学参加数学竞赛，共 10 道题，答对一道题得 10 分，答错一道题扣 3 分，这 3 名同学都回答了所有的题，小明得了 87 分，小红得了 74 分，小华得了 9 分，他们三人一共答对了多少道题？

5. 使用甲种农药每千克要兑水 20 千克，使用乙种农药每千克要兑水 40 千克.根据农科院专家的意见，把两种农药混起来用可以提高药效，现有两种农药共 50 千克，要配药水 1 400 千克，那么，其中甲种农药用了多少千克？

6. 松鼠妈妈采松果，晴天每天可以采 18 个，雨天每天只能采 14 个.它一连几天采了 120 个松果，平均每天采 15 个.问这几天中有几个雨天？

7. 箱子里红、白两种玻璃球，红球数是白球数的 3 倍多 2 只，每次从箱子里取出 7 只白球、15 只红球.如果经过若干次以后，箱子里剩下 3 只白球、53 只红球.那么箱子里原有红球多少只？

8. 动物园里有一群鸵鸟和大象，它们共有 36 只眼睛和 52 只脚，问：鸵鸟和大象各有多少？

9. 鸡与兔共 100 只，鸡的脚数比兔的脚数少 28.问鸡与兔各几只？

10. 从前有座山，山里有个庙，庙里有许多小和尚，两个小和尚用一根扁担一个桶抬水，一个小和尚用一根扁担两个桶挑水，共用了 38 根扁担和 58 个桶，那么有多少个小和尚抬水？多少个挑水？

## 教学策略

“鸡兔同笼”问题的应用题，在教学时，教师应当注重渗透几种数学思想方法，这是学生解决实际问题的方法指导，是学生制定有效解决问题的系统决策和设计的根本思想.作为教师应当深入挖掘数学问题背后的数学思想方法，教学时不要就题论题，解决一个数学问题不是学习的目的，重在方法策略的建立.

(1) 转化思想.对于“鸡兔同笼”问题的解决，转化思想是一个根本思想，要引导学生把复杂问题合理转化为简单问题，找到转化后的问题与原命题之间的差异和联系，从而让学生通过“鸡兔同笼”问题学会转化思想解决生活中的类似问题.

(2) 枚举思想.枚举法也就是列举法，对于小学生来说，这是一个很好的思想方法，通过枚举和观察，寻找数据之间的内在规律和联系，进而找到数量之间的关系，对于培养学生的探究意识、思考习惯都是大有裨益的.

(3) 假设思想.假设法不仅为解决问题提供了便利条件，更是培养学生的创新能力和发散思维提供了途径.但要注意假设的内涵与问题之间的内在关系，不要出现矛盾或相悖之处.

(4) 建模思想.数学模型的建立是要学生在充分的体验、经历之后归纳、概括形成的,绝不是生搬硬套公式.通过多种数学活动过程,让学生找到内部规律,并将其升华、提炼为一个模型,用以解决类似问题,进而简化今后解决同类问题的过程.学生建模思想的形成需要教师进行深入细致地启发与引导,才能逐渐形成.

数学思想方法很多,同样类型的问题能够用到的思想方法也不胜枚举,在教学本章节内容时,教师要从学生的实际出发,深入挖掘问题背后的数学思想,把数学最本质的东西传授给学生,这要比解出几道题更有意义,也更重要.

# 第十讲　容斥原理

## 课题解析

在计数时，必须注意无一重复，无一遗漏.为了使重叠部分不被重复计算，人们研究出一种新的计数方法，这种方法的基本思想是：先不考虑重叠的情况，把包含于某内容中的所有对象的数目先计算出来，然后再把计数时重复计算的数目排斥出去，使得计算的结果既无遗漏又无重复，这种计数的方法称为容斥原理.

## 核心提示

1. 两量重叠问题(例 1、例 2)

在一些计数问题中，经常遇到有关集合元素个数的计算.求两个集合并集的元素的个数，不能简单地把两个集合的元素个数相加，而要从两个集合个数之和中减去重复计算的元素个数，即减去交集的元素个数，用式子可表示成$|A\cup B|=|A|+|B|-|A\cap B|$(其中符号“$\cup$”读作“并”，相当于中文“和”或者“或”的意思；符号“$\cap$”读作“交”，相当于中文“且”的意思.)，则称这一公式为包含与排除原理，简称容斥原理.图示如下：$A$ 表示小圆部分，$B$ 表示大圆部分，$C$ 表示大圆与小圆的公共部分，记为 $A\cap B$，即阴影面积.

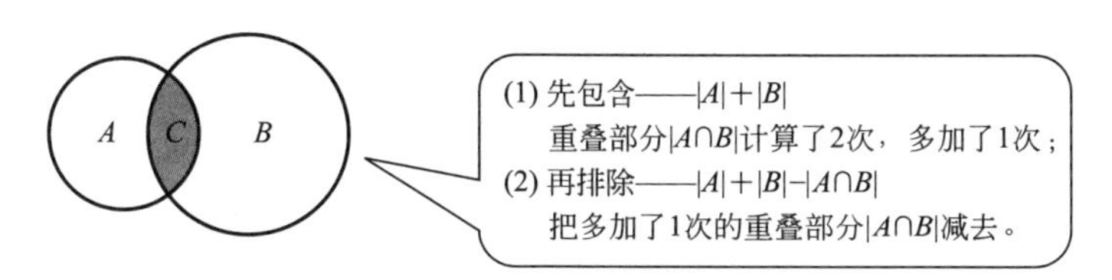


包含与排除原理告诉我们，要计算两个集合 $A$、$B$ 的并集 $A\cup B$ 的元素的个数，可分以下两步进行：

第一步：分别计算集合 $A$、$B$ 的元素个数，然后加起来，即先求$|A|+|B|$(意思是把 $A$、$B$ 的一切元素都“包含”进来，加在一起)；

第二步：从上面的和中减去交集的元素个数，即减去$|C|=|A\cap B|$(意思是“排除”重复计算的元素个数).

**2. 三量重叠问题(例 3)**

$A$ 类、$B$ 类与 $C$ 类元素个数的总和＝$A$ 类元素的个数＋$B$ 类元素的个数＋$C$ 类元素的个数－既是 $A$ 类又是 $B$ 类的元素个数－既是 $B$ 类又是 $C$ 类的元素个数－既是 $A$ 类又是 $C$ 类的元素个数＋同时是 $A$ 类、$B$ 类、$C$ 类的元素个数. 用符号表示为 $A\cup B\cup C=|A|+|B|+|C|-|A\cap B|-|B\cap C|-|A\cap C|+|A\cap B\cap C|$. 图示如下：

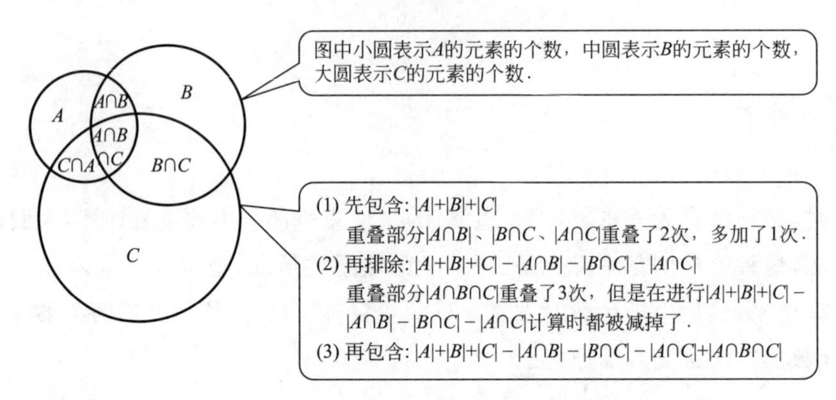


在解答有关包含排除问题时，我们常常利用文氏图(韦恩图)来帮助分析思考.

## 板块一　两量重叠问题

**【例 1】** 六一班有学生 46 人，其中会骑自行车的 17 人，会游泳的 14 人，既会骑车又会游泳的 4 人，问两样都不会的有________人.

**解析**　所求人数＝全班人数－(会骑车人数＋会游泳人数－既会骑车又会游泳人数)＝46－(17＋14－4)＝19(人)

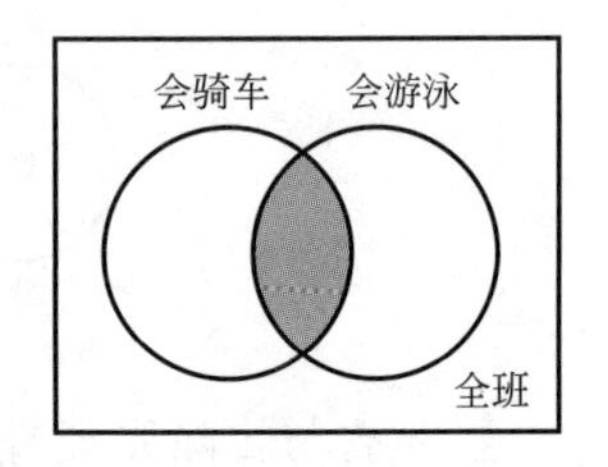


[举一反三]

1. 实验小学四年级二班，参加语文兴趣小组的有 28 人，参加数学兴趣小组的有 29 人，有 12 人两个小组都参加. 这个班有多少人参加了语文或数学兴趣小组？

**解析**　所求人数＝语文兴趣小组人数＋数学兴趣小组人数－两个小组都参加的人数＝28＋29－12＝45(人).

$$28+29-12=45(\text{人})$$

答：这个班有 45 人参加了语文或数学兴趣小组.

2. 某小学四年级有 58 人学钢琴，43 人学画画，37 人既学钢琴又学画画，问只学钢琴和只学画画的分别有多少人?

**解析** 只学钢琴的人数=学钢琴的人数-既学钢琴又学画画的人数=58-37=21(人);

只学画画的人数=学画画的人数-既学钢琴又学画画的人数=43-37=6(人).

58-37=21(人)

43-37=6(人)

答:只学钢琴的21人,只学画画的6人.

3. 四(二)班有48名学生,在一节自习课上,写完语文作业的有30人,写完数学作业的有20人,语文数学都没写完的有6人.问:

(1) 语文数学都写完的有多少人?

(2) 只写完语文作业和数学作业的各有多少人?

**解析** (1) 语文数学都写完的人数=写完语文作业的人数+写完数学作业的人数-全班人数=30+20-48=2(人).

(2) 只写完语文作业的人数=写完语文作业的人数-语文数学都写完的人数=30-2=28(人).

只写完数学作业的人数=写完数学作业的人数-语文数学都写完的人数=20-2=18(人).

(1) 30+20-48=2(人)

答:语文数学都写完的有2人.

(2) 30-2=28(人)

20-2=18(人)

答:只写完语文作业的有28人,只写完数学作业的有18人.

[**拓展练习**]

有100位旅客,其中有10人既不懂英语又不懂俄语,有75人懂英语,83人懂俄语.问既懂英语又懂俄语的有多少人?(1985年小学迎春杯数学竞赛试题)

**解析** 设$A=\{$懂英语的旅客$\}$,$B=\{$懂俄语的旅客$\}$.那么,英语和俄语这两种语言中至少懂一种的旅客的集合为$A\cup B$,而两种语言都懂的旅客的集合为$A\cap B$.题目要求$|A\cap B|$.

由题意知,$|A|=75$,$|B|=83$,$|A\cup B|=100-10=90$.由容斥原理,得

$$\begin{aligned}|A\cap B|&=|A|+|B|-|A\cup B|\\&=75+83-90=68(\text{人})\end{aligned}$$

答:既懂英语又懂俄语的旅客有68人.

**【例2】** 求不超过20的正整数中是2的倍数或3的倍数的数共有多少个.

**解析** 设$I=\{1,2,3,\cdots,19,20\}$,$A=\{I$中2的倍数$\}$,$B=\{I$中3的倍数$\}$.显然,题目要求计算并集$A\cup B$的元素个数,即求$|A\cup B|$.

$A=\{2,4,6,\cdots,18,20\}$,共有10个元素,即$|A|=10$;

$B=\{3,6,9,12,15,18\}$,共有6个元素,即$|B|=6$;

$$A\cap B=\{I\text{中既是 2 的倍数又是 3 的倍数}\}$$
$$=\{6,12,18\},$$

共有 3 个元素，即 $|A\cap B|=3$，所以

$$|A\cup B|=|A|+|B|-|A\cap B|$$
$$=10+6-3=13$$

答：所求的数共有 13 个

［**举一反三**］

1. 在 1～10 000 之间既不是完全平方数，也不是完全立方数的整数有________个.

**解析** 1～10 000 中完全平方数有 100 个（因为 $100^2=10\ 000$），完全立方数有 21 个（因为 $21^3<10\ 000<22^3$），完全六次方数有 4 个（因为 $4^6<10\ 000<5^6$）.

解：1～10 000 中是完全平方数或完全立方数的数共有

$$100+21-4=117(\text{个})；$$

从而既不是完全平方数，又不是完全立方数的数有

$$10\ 000-117=9\ 883(\text{个}).$$

2. 某班统计考试成绩，数学得 90 分以上的有 25 人；语文得 90 分以上的有 21 人；两科中至少有一科在 90 分以上的有 38 人. 问两科都在 90 分以上的有多少人？（1985 年初一迎春杯数学竞赛试题）

**解析** 设 $A=\{\text{数学成绩 90 分以上的学生}\}$，

$B=\{\text{语文成绩 90 分以上的学生}\}$.

那么，集合 $A\cup B$ 表示两科中至少有一科在 90 分以上的学生，由题意知

$$|A|=25,|B|=21,|A\cup B|=38.$$

现在要求两科都在 90 分以上的学生人数，即求 $|A\cap B|$. 由容斥原理得

$$|A\cap B|=|A|+|B|-|A\cup B|=25+21-38=8.$$

答：两科都在 90 分以上的学生有 8 人.

［**拓展练习**］

在 100 个学生中，音乐爱好者有 56 人，体育爱好者有 75 人，那么既爱好音乐，又爱好体育的人最少有________人，最多有________人.

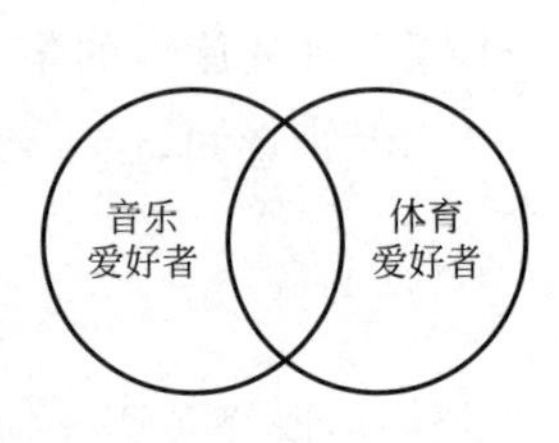


**解析** 如图，当 100 人都是或者音乐爱好者，或者体育爱好者时，这两者都爱好的人数为最小值即 $56+75-100=31$（个）.

当所有的音乐爱好者都是体育爱好者时，这两者都爱好的人数最大可为 56 人.

## 板块二　三量重叠问题

**【例 3】** 某校组织棋类比赛，分成围棋、中国象棋和国际象棋三个组进行. 参加围棋比赛的

共有 42 人，参加中国象棋比赛的共有 51 人，参加国际象棋比赛的共有 30 人. 同时参加了围棋和中国象棋比赛的共有 13 人，同时参加了围棋和国际象棋比赛的共有 7 人，同时参加了中国象棋和国际象棋比赛的共有 11 人，其中三种棋赛都参加的共有 3 人. 问参加棋类比赛的共有多少人？

**解析**

方法 1：设 $A=\{$参加围棋比赛的人$\}$，$B=\{$参加中国象棋比赛的人$\}$，$C=\{$参加国际象棋比赛的人$\}$，那么参加棋类比赛的人的集合为 $A\cup B\cup C$. 由题意知：

$$|A|=42,|B|=51,|C|=30,$$
$$|A\cap B|=13,|A\cap C|=7,|B\cap C|=11,$$
$$|A\cap B\cap C|=3.$$

由容斥原理得

$$\begin{aligned}|A\cup B\cup C|&=|A|+|B|+|C|-|A\cap B|-|A\cap C|-|B\cap C|+|A\cap B\cap C|\\&=42+51+30-13-7-11+3\\&=95(\text{人})\end{aligned}$$

答：参加棋类比赛的共有 95 人.

方法 2：利用文氏图逐个填写各区域所表示的集合元素的个数，如右图，各部分设为 $a,b,c,m,p,q$，然后求出最后结果.

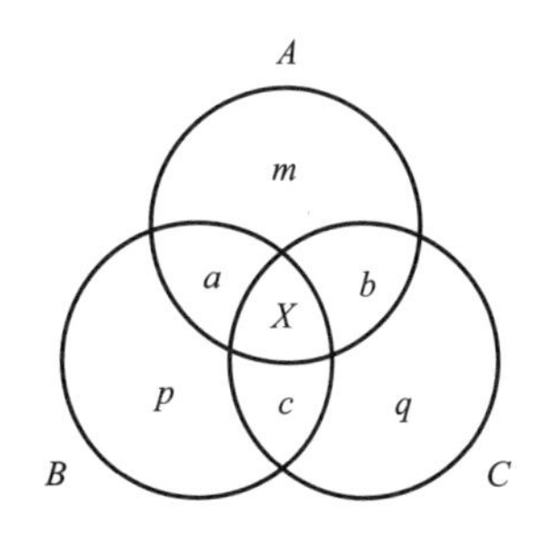


设 $A$、$B$、$C$ 分别表示参加围棋、中国象棋和国际象棋比赛的人的集合. 其文氏图分割成七个互不相交的区域. 区域 $X$(即 $A\cap B\cap C$)表示三种棋赛都参加的人数的集合，$X=|A\cap B\cap C|=3$，由题意应填数字 3. 仅参加围棋和中国象棋两项比赛的人的集合的人数为 $a=|A\cap B|-|A\cap B\cap C|=13-3=10$(人)，仅参加围棋和国际象棋两项比赛的人的集合的人数为 $b=|A\cap C|-|A\cap B\cap C|=7-3=4$(人)，仅参加中国象棋和国际象棋两项比赛的人的集合的人数为 $c=|B\cap C|-|A\cap B\cap C|=11-3=8$(人). 只参加围棋一项比赛的人的集合的人数为 $m=|A|-a-b-|A\cap B\cap C|=42-10-4-3=25$(人). 同理，$p=30$(人)，$q=15$(人). 参加棋类比赛的总人数为 $a+b+c+p+q+m+X=10+4+8+25+30+15+3=95$(人).

总结：方法 2 简单直观，不易出错. 由于各个区域所表示的集合的元素个数都计算出来了，因此提供了较多的信息，易于回答各种方式的提问.

[**举一反三**]

1. 某班学生手中分别拿有红、黄、蓝三种颜色的球. 已知手中有红球的共有 34 人，手中有黄球的共有 26 人，手中有蓝球的共有 18 人. 其中手中有红、黄、蓝三种球的有 6 人. 而手中只有红、黄两种球的有 9 人，手中只有黄、蓝两种球的有 4 人，手中只有红、蓝两球的有 3 人，那么这个班共有多少人？(1986 年初一迎春杯数学竞赛试题)

**解析**　此题用填写文氏图各区域元素个数的方法来解较为简便，设 $A$、$B$、$C$ 分别表示手中有红球、黄球、蓝球的人的集合. 由题意可逐一填出各区域元素的个数（如右图）.

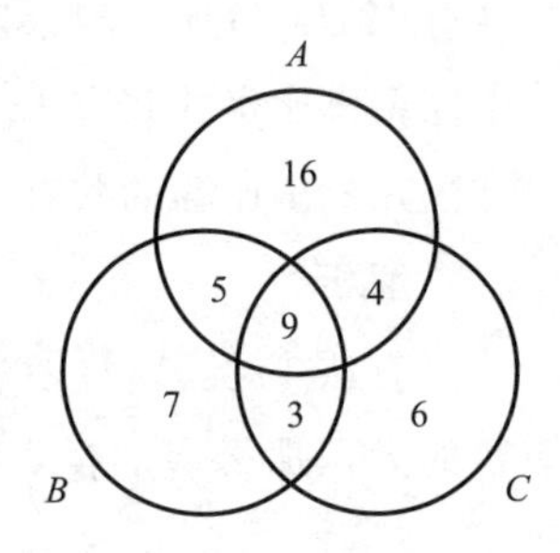


$$16+7+5+9+4+3+6=50(\text{人})$$

答：这个班共有 50 人.

2. 某进修班有 50 人，开设甲、乙、丙三门进修课. 选修甲这门课有的 38 人，选修乙这门课有的 35 人，选修丙这门课的有 31 人，兼选甲、乙两门课的有 29 人，兼选甲、丙两门课的有 28 人，兼选乙、丙两门课的有 26 人，甲、乙、丙三科均选的有 24 人. 问三科均未选的人数？

**解析** 如例 3 题图，选甲乙而不选丙的有 $a=29-24=5$(人)，选甲丙而不选乙的 $b=28-24=4$(人)，选乙丙而不选甲的有 $c=26-24=2$(人)，仅选了乙的人有 $p=35-24-a-c=4$(人)，仅选了丙的人有 $q=31-24-b-c=1$(人)，故至少选了一科的人数是：甲$+p+c+q=45$(人)，故三门均未选的人数为 $50-45=5$(人).

3. 求 1～200 的自然数中不能被 2、3、5 中任何一个数整除的数有多少？

**解析** 设 $A=\{1\sim200$ 中间能被 2 整除的数$\}$，

$B=\{1\sim200$ 中间能被 3 整除的数$\}$，

$C=\{1\sim200$ 中间能被 5 整除的数$\}$.

那么，$A\cap B=\{1\sim200$ 中间能被 $2\times3$ 整除的数$\}$，

$A\cap C=\{1\sim200$ 中间能被 $2\times5$ 整除的数$\}$，

$B\cap C=\{1\sim200$ 中间能被 $3\times5$ 整除的数$\}$，

$A\cap B\cap C=\{1\sim200$ 中间能被 $2\times3\times5$ 整除的数$\}$.

设$[x]$表示小于等于 $x$ 的最大整数，那么

$|A|=[200/2]=100$，$|B|=[200/3]=66$，$|C|=[200/5]=40$，$|A\cap B|=[200/6]=33$，

$|A\cap C|=[200/10]=20$，$|B\cap C|=[200/15]=13$，

$|A\cap B\cap C|=[200/30]=6$.

根据容斥原理，1～200 的自然数中至少能被 2、3、5 中一个数整除的数共有

$$\begin{aligned}|A\cup B\cup C|&=|A|+|B|+|C|-|A\cap B|-|A\cap C|-|B\cap C|+|A\cap B\cap C|\\&=100+66+40-33-20-13+6=146(\text{个})\end{aligned}$$

所以 1～200 的自然数中不能被 2、3、5 中任何一个数整除的数共有

$$200-146=54(\text{个}).$$

［**拓展练习**］

求小于 1 001 且与 1 001 互质的所有自然数的和.

**解析** 分母是 1 001 的最简分数的个数是 720. 又真分数 $\frac{a}{1\,001}$ 和真分数 $\frac{1\,001-a}{1\,001}$（$a$ 与 1 001 互质）是成对出现的，故上述 720 个真分数可以分成 360 对，每一对数之和为 1，故上述

720 个分母是 1 001 的真分数之和为 360.

所以,所有小于 1 001 且与 1 001 互质的数之和为 360×1 001=360 360.

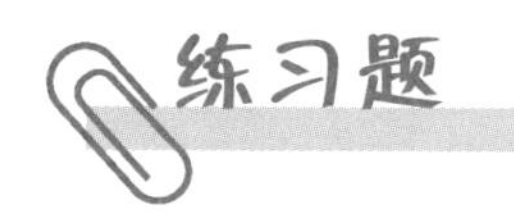

## 练习题

1. 现有 50 名学生都做物理、化学实验,如果物理实验做正确的有 40 人,化学实验做正确的有 31 人,两种实验都错的有 4 人,则两种实验都做对的有(　　)人.

A. 27　　B. 25　　C. 19　　D. 10

2. 某服装厂生产出来的一批衬衫大号和小号各占一半.其中 25%是白色的,75%是蓝色的.如果这批衬衫共有 100 件,其中大号白色衬衫有 10 件,小号蓝色衬衫有(　　)件.

A. 15　　B. 25　　C. 35　　D. 40

3. 某高校对一些学生进行问卷调查.在接受调查的学生中,准备参加注册会计师考试的有 63 人,准备参加英语六级考试的有 89 人,准备参加计算机考试的有 47 人,三种考试都准备参加的有 24 人,准备选择两种考试参加的有 46 人,不参加其中任何一种考试的有 15 人.接受调查的学生共有(　　)人.

A. 120　　B. 144　　C. 177　　D. 192

4. 对某单位的 100 名员工进行调查,结果发现他们喜欢看球赛和电影、戏剧.其中 58 人喜欢看球赛,38 人喜欢看戏剧,52 人喜欢看电影,既喜欢看球赛又喜欢看戏剧的有 18 人,既喜欢看电影又喜欢看戏剧的有 16 人,三种都喜欢看的有 12 人,则只喜欢看电影的有(　　)人.

A. 22　　B. 28　　C. 30　　D. 36

5. 某班统计考试成绩,数学得 90 分上的有 25 人,语文得 90 分以上的有 21 人;两科中至少有一科在 90 分以上的有 38 人.问两科都在 90 分以上的有多少人?

6. 某班同学中有 39 人打篮球,37 人跑步,25 人既打篮球又跑步,问全班参加篮球、跑步这两项体育活动的总人数是多少?

7. 某年级的课外学科小组分为数学、语文、外语三个小组,参加数学小组的有 23 人,参加语文小组的有 27 人,参加外语小组的有 18 人;同时参加数学、语文两个小组的有 4 人,同时参加数学、外语小组的有 7 人,同时参加语文、外语小组的有 5 人;三个小组都参加的有 2 人.问:这个年级参加课外学科小组共有多少人?

8. 某车间有工人 100 人,其中有 5 个人只能干电工工作,有 77 人能干车工工作,86 人能干焊工工作,既能干车工工作又能干焊工工作的有多少人?

9. 某次语文竞赛共有五道题(满分不是 100 分),甲只做对了(1)、(2)、(3)三题,得了 16 分;乙只做对了(2)、(3)、(4)三题,得了 25 分;丙只做对了(1)、(4)、(5)三题,得了 30 分;丁只做对了(3)、(4)、(5)三题,得了 28 分,戊只做对了(1)、(2)、(5)三题,得了 21 分,己五个题都对了,他得了多少分?

10. 某大学有外语教师120名，其中教英语的有50名，教日语的有45名，教法语的有40名，有15名既教英语又教日语，有10名既教英语又教法语，有8名既教日语又教法语，有4名教英语、日语和法语三门课，则不教三门课的外语教师有多少名?

## 教学策略

**1. 教学目标**

(1) 了解容斥原理二量重叠和三量重叠的内容.

(2) 掌握容斥原理在组合计数中的应用.

**2. 教学方法**

在讲述容斥原理时可以强调学生要从公式入手，学会并理解公式的由来，引导学生解决问题时从画图入手，培养直观理解，利用数形结合，构造数学模型，从模型中发现问题、找到问题、解决问题，从而培养学生的解题思路.

**3. 教学建议**

(1) 明确本讲内容的教养和教育方面.

教养方面：首先是了解“容斥原理”问题，感受数学问题的趣味性. 然后是尝试用不同的方法解决“容斥原理”问题，体会数学中最基本的思想. 之后能准确地解决与“容斥原理”有关的实际问题，体会生活中有数学. 最后感受成功的喜悦.

教育方面：首先培养学生积极探索解决问题的良好习惯. 然后让学生通过生活中容易理解的题材初步体会集合这种思想；激发学生对数学知识的努力探究. 之后通过探索“容斥原理”问题，体验数学活动中的探索与创造，感受数学的严谨性以及数学结论的确定性. 最后培养学生的逻辑推理能力、分析问题能力、解决问题能力.

(2) 教材分析.

从教学内容、学情、教学目标、教学重点难点等方面进行全面分析.

(3) 设计教学方案.

在设计教学方案时，要深入钻研教材，发掘有助于、有利于学生学习而且贴近学生生活实际的教学资源，引导学生主动去学、主动去参与学习活动的全过程；学会与他人协作，学会发现问题、提出问题，探索解决问题的策略. 传统的教学模式还是比较侧重怎样组织去教，在组织学生去学习方面下的工夫还比较少，缺乏了从学生角度去看问题、分析问题. 只有组织好学生主动去学、去探究新问题，教师参与其中的诱导，才能真正体现学生主导和学生主体的位置. 学生在直接的情景教学当中，有所参与、有所发现，就会有问题的发现，进而激活思维的发展.

# 第十一讲　抽屉原理

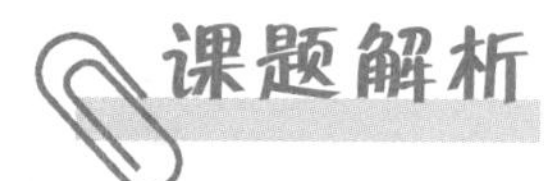

## 课题解析

1. 知识点介绍

抽屉原理有时也被称为鸽笼原理，它由德国数学家狄利克雷首先明确提出来并用来证明一些数论中的问题，因此，也被称为狄利克雷原则．抽屉原理是组合数学中一个重要而又基本的数学原理，利用它可以解决很多有趣的问题，并且常常能够起到令人惊奇的作用．许多看起来相当复杂，甚至无从下手的问题，在利用抽屉原则后，能很快得以解决．

2. 抽屉原理的定义

(1) 举例．

桌上有十个苹果，要把这十个苹果放到九个抽屉里，不限制每个抽屉中放置的苹果个数，如有的抽屉可以放一个，有的可以放两个，有的可以放五个，但最终会发现至少可以找到一个抽屉里面至少放两个苹果．

(2) 定义．

一般情况下，把 $n+1$ 或多于 $n+1$ 个苹果放到 $n$ 个抽屉里，其中必定至少有一个抽屉里至少有两个苹果．我们称这种现象为抽屉原理．

(3) 分类．

① 直接利用公式进行解题．求结论(例 1、例 2、例 3、例 4)；求抽屉(例 5)；求苹果(例 6)．

② 构造抽屉利用公式进行解题(例 7、例 8)

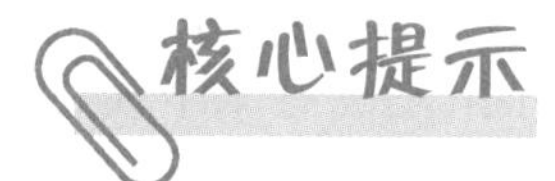

## 核心提示

### 抽屉原理的解题方案

1. 利用公式进行解题

苹果÷抽屉＝商……余数

余数：(1) 余数＝1，　　结论：至少有(商＋1)个苹果在同一个抽屉里

(2) 余数$=x(1<x<n-1)$，　　结论：至少有(商+1)个苹果在同一个抽屉里

(3) 余数$=0$，　　结论：至少有“商”个苹果在同一个抽屉里

**2. 利用最值原理解题**

将题目中没有阐明的量进行极限讨论，将复杂的题目变得非常简单，也就是常说的极限思想“任我意”方法、特殊值方法.

## 板块一　直接利用公式进行解题

**1. 求结论**

**【例 1】** 6 只鸽子要飞进 5 个笼子，每个笼子里都必须有 1 只，一定有一个笼子里有 2 只鸽子. 对吗？

**解析** 6 只鸽子要飞进 5 个笼子，如果每个笼子装 1 只，这样还剩下 1 只鸽子. 这只鸽子可以任意飞进其中的一个笼子，这样至少有一个笼子里有 2 只鸽子. 所以这句话是正确的.

利用刚刚学习过的抽屉原理来解释这个问题，把鸽笼看作“抽屉”，把鸽子看作“苹果”，$6\div5=1\cdots\cdots1$，$1+1=2$(只). 把 6 个苹果放到 5 个抽屉中，每个抽屉中都要有 1 个苹果，那么肯定有一个抽屉中有两个苹果，也就是一定有一个笼子里有 2 只鸽子.

[举一反三]

1. 教室里有 5 名学生正在做作业，现在只有数学、英语、语文、地理四科作业. 试说明：这 5 名学生中，至少有两个人在做同一科作业.

**解析** 将 5 名学生看作 5 个苹果，将数学、英语、语文、地理作业各看成一个抽屉，共 4 个抽屉. 由抽屉原理，一定存在一个抽屉，在这个抽屉里至少有 2 个苹果，即至少有两名学生在做同一科作业.

2. 某年级一班学雷锋小组有 13 人. 教数学的张老师说：“你们这个小组至少有 2 个人在同一月过生日.”你知道张老师为什么这样说吗？

**解析** 先想一想，在这个问题中，把什么当作抽屉，一共有多少个抽屉？从题目可以看出，这道题显然与月份有关. 我们知道，一年有 12 个月，把这 12 个月看成 12 个抽屉，这道题就相当于把 13 个苹果放入 12 个抽屉中. 根据抽屉原理，至少有一个抽屉放了两个苹果. 因此至少有两个同学在同一个月过生日.

题目中并没有说明什么是“抽屉”，什么是“苹果”，解题的关键是制造“抽屉”，确定假设的“苹果”，根据“抽屉少，苹果多”转化为抽屉原理来解.

3. 用五种颜色给正方体各面涂色(每面只涂一种色),请说明:至少会有两个面涂色相同.

**解析**　五种颜色最多只能涂5个不同颜色的面,因为正方体有6个面,还有一个面要选择这五种颜色中的任意一种来涂,不管这个面涂成哪种颜色,都会和前面一个面颜色相同,这样就有两个面会被涂上相同的颜色.也可以把五种颜色作为5个“抽屉”,六个面作为六个苹果,当把六个苹果随意放入五个抽屉时,根据抽屉原理,一定有一个抽屉中有两个或两个以上的苹果,也就是至少会有两个面涂色相同.

[**拓展练习**]

三个小朋友在一起玩,其中必有两个小朋友都是男孩或者都是女孩.

**解析**　方法1:

情况一:这三个小朋友,可能全部是男,那么必有两个小朋友都是男孩的说法是正确的;

情况二:这三个小朋友,可能全部是女,那么必有两个小朋友都是女孩的说法是正确的;

情况三:这三个小朋友,可能其中1男2女,那么必有两个小朋友都是女孩说法是正确的;

情况四:这三个小朋友,可能其中2男1女,那么必有两个小朋友都是男孩的说法是正确的.

所以,三个小朋友在一起玩,其中必有两个小朋友都是男孩或者都是女孩的说法是正确的.

方法2:三个小朋友只有两种性别,所以至少有两个人的性别是相同的,所以必有两个小朋友都是男孩或者都是女孩.

**【例2】**　“六一”儿童节,很多小朋友到公园游玩,在公园里他们各自遇到了许多熟人.试说明:在游园的小朋友中,至少有两个小朋友遇到的熟人数目相等.

**解析**　假设共有$n$个小朋友到公园游玩,我们把他们看作$n$个“苹果”,再把每个小朋友遇到的熟人数目看作“抽屉”,那么,$n$个小朋友每人遇到的熟人数目共有以下$n$种可能:$0,1,2,\cdots,n-1$.其中0的意思是指这位小朋友没有遇到熟人;而每位小朋友最多遇见$n-1$个熟人,所以共有$n$个“抽屉”.下面分两种情况来讨论:

(1) 如果在这$n$个小朋友中,有一些小朋友没有遇到任何熟人,这时其他小朋友最多只能遇上$n-2$个熟人,这样熟人数目只有$n-1$种可能:$0,1,2,\cdots,n-2$.这样,“苹果”数($n$个小朋友)超过“抽屉”数($n-1$种熟人数目),根据抽屉原理,至少有两个小朋友,他们遇到的熟人数目相等.

(2) 如果在这$n$个小朋友中,每位小朋友都至少遇到一个熟人,这样熟人数目只有$n-1$种可能:$1,2,3,\cdots,n-1$.这时,“苹果”数($n$个小朋友)仍然超过“抽屉”数($n-1$种熟人数目),根据抽屉原理,至少有两个小朋友,他们遇到的熟人数目相等.

总之,不管这$n$个小朋友各遇到多少熟人(包括没遇到熟人),必有两个小朋友遇到的熟人数目相等.

[**举一反三**]

1．五年级数学小组共有 20 名同学，他们在数学小组中都有一些朋友．请说明：至少有两名同学，他们的朋友人数一样多．

**解析** 数学小组共有 20 名同学，因此每个同学最多有 19 个朋友；又由于他们都有朋友，所以每个同学至少有 1 个朋友．因此，这 20 名同学中每个同学的朋友数只有 19 种可能：1，2，3，…，19．把这 20 名同学看作 20 个“苹果”，把同学的朋友数目看作 19 个“抽屉”，根据抽屉原理，至少有两名同学，他们的朋友人数一样多．

2．在任意的四个自然数中，是否其中必有两个数，它们的差能被 3 整除？

**解析** 因为任何整数除以 3，其余数只可能是 0，1，2 三种情形．我们将余数的这三种情形看成是三个“抽屉”．一个整数除以 3 的余数属于哪种情形，就将此整数放在那个“抽屉”里．将四个自然数放入三个抽屉，至少有一个抽屉里放了不止一个数，也就是说至少有两个数除以 3 的余数相同(需要对学生利用余数性质进行解释：为什么余数相同，则差就能被整除)．这两个数的差必能被 3 整除．

3．四个连续的自然数分别被 3 除后，必有两个余数相同，请说明理由．

**解析** 想一想，不同的自然数被 3 除的余数有几类？在这道题中，把什么当作抽屉呢？

把这四个连续的自然数分别除以 3，其余数不外乎是 0，1，2，把这 3 个不同的余数当作 3 个“抽屉”，把这 4 个连续的自然数按照被 3 除的余数，分别放入对应的 3 个“抽屉”中，根据抽屉原理，至少有两个自然数在同一个抽屉里，也就是说，至少有两个自然数除以 3 的余数相同．

[**拓展练习**]

证明：任取 8 个自然数，必有两个数的差是 7 的倍数．

**解析** 在与整除有关的问题中有这样的性质，如果两个整数 $a$、$b$，它们除以自然数 $m$ 的余数相同，那么它们的差 $a-b$ 是 $m$ 的倍数．根据这个性质，本题只需证明这 8 个自然数中有 2 个自然数，它们除以 7 的余数相同．我们可以把所有自然数按被 7 除所得的 7 种不同的余数 0、1、2、3、4、5、6 分成七类．也就是 7 个抽屉．任取 8 个自然数，根据抽屉原理，必有两个数在同一个抽屉中，也就是它们除以 7 的余数相同，因此这两个数的差一定是 7 的倍数．

**【例 3】** 任意给定 2008 个自然数，证明：其中必有若干个自然数，和是 2008 的倍数(单独一个数也当做和)．

**解析** 把这 2008 个数先排成一行：$a_1, a_2, a_3, \cdots, a_{2008}$，

第 1 个数为 $a_1$；

前 2 个数的和为 $a_1+a_2$；

前 3 个数的和为 $a_1+a_2+a_3$；

……

前 2008 个数的和为 $a_1+a_2+\cdots+a_{2008}$．

如果这 2008 个和中有一个是 2008 的倍数，那么问题已经解决；如果这 2008 个和中没有

2008 的倍数，那么它们除以 2008 的余数只能为 1，2，…，2007 之一，根据抽屉原理，必有两个和除以 2008 的余数相同，那么它们的差（仍然是 $a_1,a_2,a_3,\cdots,a_{2008}$ 中若干个数的和）是 2008 的倍数. 所以结论成立.

［**举一反三**］

1. 求证：可以找到一个各位数字都是 4 的自然数，它是 1996 的倍数.

**解析**　$1996\div4=499$，下面证明可以找到一个各位数字都是 1 的自然数，它是 499 的倍数.

取 500 个数：1，11，111，…，111…1（500 个 1）. 用 499 去除这 500 个数，得到 500 个余数 $a_1,a_2,a_3,\cdots,a_{500}$. 由于余数只能取 0，1，2，…，498 这 499 个值，所以根据抽屉原则，必有 2 个余数是相同的，这 2 个数的差就是 499 的倍数，差的前若干位是 1，后若干位是 0：

11…100…0. 又 499 和 10 是互质的，所以它的前若干位由 1 组成的自然数是 499 的倍数，将它乘以 4，就得到一个各位数字都是 4 的自然数，这是 1996 的倍数.

2. 求证：对于任意的 8 个自然数，一定能从中找到 6 个数 $a,b,c,d,e,f$，使得 $(a-b)(c-d)(e-f)$ 是 105 的倍数.

**解析**　$105=3\times5\times7$. 对于任意的 8 个自然数，必可选出 2 个数，使它们的差是 7 的倍数；在剩下的 6 个数中，又可选出 2 个数，使它们的差是 5 的倍数；在剩下的 4 个数中，又可选出 2 个数，使它们的差是 3 的倍数.

3. 任给六个数字，一定可以通过加、减、乘、除、括号，将这六个数组成一个算式，使其得数为 105 的倍数.

**解析**　根据上一题的提示我们可以写出下列数字谜 $(a\quad b)(c\quad d)(e\quad f)$ 使其结果为 105 的倍数，我们的思路是使第一个括号里是 7 的倍数，第二个括号里是 5 的倍数，第三个括号里是 3 的倍数. 对于如果六个数字里有 7 的倍数，那么第一个括号里直接做乘法即可，如果没有 7 的倍数，我们做如下抽屉：

{除以 7 的余数是 1 或者是 6}

{除以 7 的余数是 2 或者是 5}

{除以 7 的余数是 3 或者是 4}

那么六个数字肯定有两个数字在同一个抽屉里，这两个数如果余数相同，做减法就可以得到 7 的倍数，如果余数不同，做加法就可以得到 7 的倍数.

这样剩下的 4 个数中，同理可得后面的括号里也可以组合出 5 和 3 的倍数. 于是本题得以证明.

［**拓展练习**］

在长度是 10 厘米的线段上任意取 11 个点，是否至少有两个点，它们之间的距离不大于 1 厘米？

**解析**　把长度 10 厘米的线段 10 等分，那么每段线段的长度是 1 厘米（见下图）.

将每段线段看成是一个“抽屉”，一共有 10 个抽屉. 现在将这 11 个点放到这 10 个抽屉中去. 根据抽屉原理，至少有一个抽屉里有两个或两个以上的点(包括这些线段的端点). 由于这两个点在同一个抽屉里，它们之间的距离当然不会大于 1 厘米. 所以，在长度是 10 厘米的线段上任意取 11 个点，至少存在两个点，它们之间的距离不大于 1 厘米.

**【例 4】** 证明：在任意的 6 个人中必有 3 个人，他们或者相互认识，或者相互不认识.

**解析** 把这 6 个人看作 6 个点，每两点之间连一条线段，若两人相互认识则将线段涂红色若两人不认识则将线段涂上蓝色，那么只需证明其中有一个同色三角形即可. 从这 6 个点中随意选取一点 $A$，从 $A$ 点引出的 5 条线段，根据抽屉原理，必有 3 条的颜色相同，不妨设有 3 条线段为红色，它们另外一个端点分别为 $B$、$C$、$D$，那么这三点中只要有两点比如说 $B$、$C$ 之间的线段是红色，那么 $A$、$B$、$C$ 三点组成红色三角形；如果 $B$、$C$、$D$ 三点之间的线段都不是红色，那么都是蓝色，这样 $B$、$C$、$D$ 三点组成蓝色三角形，也符合条件. 所以结论成立.

[**举一反三**]

1. 平面上给定 6 个点，没有 3 个点在一条直线上. 证明：用这些点做顶点所组成的一切三角形中，一定有一个三角形，它的最大边同时是另外一个三角形的最小边.

**解析** 一般情况下，三角形的三条边的长度是互不相等的，因此必有最大边和最小边. 在等腰三角形(或等边三角形)中，会出现两条边，甚至三条边都是最大边(或最小边).

我们用染色的办法来解决这个问题. 分两步染色：

第一步：先将每一个三角形中的最大边涂上同一种颜色，比如红色；第二步，将其他未涂色的线段都涂上另外一种颜色，比如蓝色.

这样，我们就将所有三角形的边都用红、蓝两色涂好. 根据上题的结论可知，这些三角形中至少有一个同色三角形. 由于这个同色三角形有自己的最大边，而最大边涂成红色，所以这个同色三角形必然是红色三角形. 由于这个同色三角形有自己的最小边，而这条最小边也是红色的，说明这条最小边必定是某个三角形的最大边. 结论得证.

2. 假设在一个平面上有任意六个点，无三点共线，每两点用红色或蓝色的线段连起来，都连好后，问能不能找到一个由这些线构成的三角形，使三角形的三边同色？

**解析** 从这 6 个点中随意选取一点 $A$，从 $A$ 点引出的 5 条线段，根据抽屉原理，必有 3 条的颜色相同，不妨设有 3 条线段为红色，它们另外一个端点分别为 $B$、$C$、$D$，那么这三点中只要有两点比如说 $B$、$C$ 之间的线段是红色，那么 $A$、$B$、$C$ 三点组成红色三角形；如果 $B$、$C$、$D$ 三点之间的线段都不是红色，那么都是蓝色，这样 $B$、$C$、$D$ 三点组成蓝色三角形，也符合条件. 所以结论成立.

3. 平面上有 17 个点，两两连线，每条线段染红、黄、蓝三种颜色中的一种，这些线段能构成若干个三角形. 证明：一定有一个三角形三边的颜色相同.

**解析**　从这 17 个点中任取一个点 $A$，把 $A$ 点与其他 16 个点相连可以得到 16 条线段，根据抽屉原理，其中同色的线段至少有 6 条，不妨设为红色. 考虑这 6 条线段的除 $A$ 点外的 6 个端点：

(1) 如果 6 个点两两之间有 1 条红色线段，那么就有 1 个红色三角形符合条件；

(2) 如果 6 个点之间没有红色线段，也就是全为黄色和蓝色，这 6 个点中必有三个点，它们之间的线段的颜色相同，那么这样的三角形就符合条件.

综上所述，一定存在一个三角形满足题目要求.

[**拓展练习**]

8 个学生解 8 道题目.

(1) 若每道题至少被 5 人解出，请说明可以找到两个学生，每道题至少被过两个学生中的一个解出.

(2) 如果每道题只有 4 个学生解出，那么(1)的结论一般不成立. 试构造一个例子说明这点.

**解析**　(1) 先设每道题被一人解出称为一次，那么 8 道题目至少共解出 $5\times8=40$(次)，分到 8 个学生身上，至少有一个学生解出了 5 次或 5 次以上题目，即这个学生至少解出 5 道题，称这个学生为 A，我们讨论以下四种可能：

第一种可能：若 A 只解出 5 道题，则另 3 道题应由其他 7 个人解出，而 3 道题至少共被解出 $3\times5=15$ 次，分到 7 个学生身上，至少有一名同学解出了 3 次或 3 次以上的题目($15=2\times7+1$，由抽屉原则便知). 由于只有 3 道题，那么这 3 道题被一名学生全部解出，记这名同学为 B. 那么，每道题至少被 A、B 两名同学中某人解出.

第二种可能：若 A 解出 6 道题，则另 2 道题应由另 7 人解出，而 2 道题至少共被解出 $2\times5=10$次，分到 7 个同学身上，至少有一名同学解出 2 次或 2 次以上的题目($10=1\times7+3$，由抽屉原则便知). 这两道题必被一名学生全部解出，记这名同学为 C. 那么，每道题目至少被 A、C 学生中一人解出.

第三种可能：若 A 解出 7 道题目，则另一题必由另一人解出，记此人为 D. 那么，每道题目至少被 A、D 两名学生中一人解出.

第四种可能：若 A 解出 8 道题目，则随意找一名学生，记为 E，那么，每道题目至少被 A、E 两名学生中一人解出，所以问题(1)得证.

(2)类似问题(1)中的想法，题目共被解出 $8\times4=32$ 次，可以使每名学生都解出 4 次，那么每人解出 4 道题. 随便找一名学生，必有 4 道未被他解出，这 4 道题共被 7 名同学解出 $4\times4=16$ 次，由于 $16=2\times7+2$，可以使每名同学解出题目不超过 3 道，这样就无法找到两名学生，使每道题目至少被其中一人解出.

具体构造如下表，其中汉字代表题号，数字代表学生，打√代表该位置对应的题目被该位置对应的学生解出.

| | 一 | 二 | 三 | 四 | 五 | 六 | 七 | 八 |
|---|---|---|---|---|---|---|---|---|
| 1 | √ | √ | √ | √ | | | | |
| 2 | | √ | | | √ | | √ | √ |
| 3 | | | √ | √ | √ | √ | | |
| 4 | | √ | | | √ | | √ | √ |
| 5 | √ | | | | | √ | √ | √ |
| 6 | | | √ | √ | √ | √ | | |
| 7 | √ | √ | √ | √ | | | | |
| 8 | √ | | | | | √ | √ | √ |

**2. 求抽屉**

**【例 5】** 把125本书分给五(2)班的学生，如果其中至少有一个人分到至少4本书，那么，这个班最多有多少人？

**解析** 本题需要求抽屉的数量，需要反用抽屉原理和最"坏"情况的结合，最坏的情况是只有1个人分到4本书，而其他同学都只分到3本书，则$(125-4)\div3=40......1$，因此这个班最多有：$40+1=41$（人）（处理余数很关键，如果有42人则不能保证至少有一个人分到4本书）.

[举一反三]

1. 某次选拔考试，共有1123名同学参加，小明说："至少有10名同学来自同一个学校."如果他的说法是正确的，那么最多有多少个学校参加了这次入学考试？

**解析** 本题需要求抽屉的数量，反用抽屉原理和最"坏"情况的结合，最坏的情况是只有10个同学来自同一个学校，而其他学校都只有9名同学参加，则$(1123-10)\div9=123\cdots\cdots6$，因此最多有$123+1=124$个学校（处理余数很关键，如果有125个学校则不能保证至少有10名同学来自同一个学校）.

2. 100个苹果最多分给多少个学生，能保证至少有一个学生所拥有的苹果数不少于12个？

**解析** 从不利的方向考虑，当分苹果的学生多于某一个数时，有可能使每个学生分得的苹果少于12个，求这个数. 100个苹果按每个学生不多于11个（即少于12个）苹果，最少也要分10人（9人11个苹果，还有一人一个苹果），否则$9\times11<100$，所以只要分苹果的学生不多于9人就能使保证至少有一个学生所拥有的苹果数不少于12个（即多于11个）. 答案为9.

3. 把十只小兔放进至多几个笼子里，才能保证至少有一个笼里有两只或两只以上的小兔？

**解析** 要想保证至少有一个笼子里有两只或两只以上的小兔，把小兔子当作"苹果"，把"笼子"当作"抽屉"，根据抽屉原理，要把10只小兔放进$10-1=9$个笼子里，才能保证至少有一个笼子里有两只或两只以上的小兔.

［**拓展练习**］

某班有 16 名学生，每个月教师把学生分成两个小组．问最少要经过几个月，才能使该班的任意两个学生总有某个月份是分在不同的小组里？

**解析**　经过第一个月，将 16 个学生分成两组，至少有 8 个学生分在同一组，下面只考虑这 8 个学生．

经过第二个月，将这 8 个学生分成两组，至少有 4 个学生是分在同一组，下面只考虑这 4 个学生．

经过第三个月，将这 4 个学生分成两组，至少有 2 个学生仍分在同一组，这说明只经过 3 个月是无法满足题目要求的．如果经过四个月，将每个月都一直保持同组的学生一分为二，放入两个组，那么第一个月保持同组的人数为 $16\div2=8$ 人，第二个月保持同组的人数为 $8\div2=4$ 人，第三个月保持同组人数为 $4\div2=2$ 人，这说明照此分法，不会有 2 个人一直保持在同一组内，即满足题目要求，故最少要经过 4 个月．

3．求苹果

**【例 6】**　班上有 50 名小朋友，老师至少拿几本书，随意分给小朋友，才能保证至少有一个小朋友能得到不少于两本书？

**解析**　把 50 名小朋友当作 50 个“抽屉”，书作为“苹果”．把书分给 50 名小朋友，要想保证至少有一个小朋友能得到两本书，根据抽屉原理，书的数目必须大于 50，而大于 50 的最小整数是 51，所以至少要拿 51 本书．

［**举一反三**］

1．班上有 28 名小朋友，老师至少拿几本书，随意分给小朋友，才能保证至少有一个小朋友能得到不少于两本书？

**解析**　老师至少拿 29 本书，随意分给小朋友，才能保证至少有一个小朋友能得到不少于两本书．

2．有 10 只鸽笼，为保证至少有 1 只鸽笼中住有 2 只或 2 只以上的鸽子．请问：至少需要有几只鸽子？

**解析**　有 10 只鸽笼，每个笼子住 1 只鸽子，一共就是 10 只．要保证至少有 1 只鸽笼中住有 2 只或 2 只以上的鸽子．那么至少需要 11 只鸽子，这多出的 1 只鸽子会住在这 10 个任意一个笼子里．这样就有 1 个笼子里住着 2 只鸽子．所以至少需要 11 只鸽子．

3．三年级二班有 43 名同学，班上的“图书角”至少要准备多少本课外书，才能保证有的同学可以同时借两本书？

**解析**　把 43 名同学看作 43 个抽屉，根据抽屉原理，要使至少有一个抽屉里有两个苹果，那么就要使苹果的个数大于抽屉的数量．因此，“图书角”至少要准备 44 本课外书．

［**拓展练习**］

某小学五年级学生身高的厘米数都是整数，并且在 140 厘米到 150 厘米之间（包括 140 厘米和 150 厘米)，那么，至少找出多少个学生，才能找到 4 个人的身高相同?

**解析**　陷阱:以前的题基本全是 2 个人的，而这里出现 4 个人，那么，就“从倍数关系选”. 认真思考，此题中应把什么看作抽屉? 有几个抽屉?

在 140 厘米至 150 厘米之间(包括 140 厘米和 150 厘米)共有 11 个整厘米数，把这 11 个整厘米数看作 11 个抽屉，每个抽屉中放 3 个整厘米数，就要 $11\times3=33$ 个整厘米数，如果再取出一个整厘米数，放入相应的抽屉中，那么这个抽屉中便有 4 个整厘米数，也就是至少找出 $33+1=34$ 个学生，才能找到 4 个人的身高相同.

## 板块二　构造抽屉利用公式进行解题

**【例 7】**　在一只口袋中有红色、黄色、蓝色球若干个，小聪明和其他六个小朋友一起做游戏，每人可以从口袋中随意取出两个球，那么不管怎样挑选，总有两个小朋友取出的两个球的颜色完全一样. 你能说明这是为什么吗?

**解析**　从三种颜色的球中挑选两个球，可能情况只有下面 6 种:

红、红;黄、黄;蓝、蓝;红、黄;红、蓝;黄、蓝，

我们把 6 种搭配方式当作 6 个“抽屉”，把 7 个小朋友当作 7 个“苹果”，根据抽屉原理，至少有两个“苹果”要放进一个“抽屉”中，也就是说，至少有两个人挑选的颜色完全一样.

[举一反三]

1. 在一只口袋中有红色与黄色球各 4 个，现有 4 个小朋友，每人从口袋中任意取出 2 个球. 请证明:必有两个小朋友，他们取出的两个球的颜色完全一样.

**解析**　小朋友从口袋中取出的两个球的颜色的组成只有以下 3 种可能:红红、黄黄、红黄，把这 3 种情况看作 3 个“抽屉”，把 4 位小朋友看作 4 只“苹果”，根据抽屉原理，必有两个小朋友取出的两个球的颜色完全一样.

2. 学校里买来数学、英语两类课外读物若干本，规定每位同学可以借阅其中两本，现有 4 位小朋友前来借阅，每人都借了 2 本. 请问，你能保证，他们之中至少有两人借阅的图书属于同一种吗?

**解析**　每个小朋友都借 2 本有三种可能:数数、英英、数英. 第 4 个小朋友无论借什么书，都可能是这三种情况中的一种，这样就有两个同学借的是同一类书，所以可以保证，至少有 2 位小朋友，他们所借阅的两本书属于同类.

此题如用简单乘法原理的话，有难度，因为涉及简单加法原理，所以推荐使用列表法. 与之前不同的是，本题借阅的书只说了两本并没说其他要求，所以可以拿 2 本同样的书.

3. 11 名学生到老师家借书，老师的书房中有文学、科技、天文、历史四类书，每名学生最多可借两本不同类的书，最少借一本. 试说明:必有两个学生所借的书的类型相同

**解析**　设不同的类型书为 A、B、C、D 四种，若学生只借一本书，则不同的类型有 A、B、C、D 四种;若学生借两本不同类型的书，则不同的类型有 AB、AC、AD、BC、BD、CD 六种. 共有 10

种类型，把这 10 种类型看作 10 个“抽屉”，把 11 个学生看作 11 个“苹果”. 如果谁借哪种类型的书，就进入哪个抽屉，由抽屉原理，至少有两个学生，他们所借的书的类型相同.

［**拓展练习**］

幼儿园买来很多玩具小汽车、小火车、小飞机，每个小朋友任意选择两件不同的，那么至少要有几个小朋友才能保证有两人选的玩具是相同的？

**解析**　根据题意列下表.

| | 小汽车 | 小火车 | 小飞机 |
|---|---|---|---|
| 第一个小朋友 | √ | √ | |
| 第二个小朋友 | | √ | √ |
| 第三个小朋友 | √ | | √ |
| 第四个小朋友 | | | |

有 3 个小朋友就有三种不同的选择方法，当第四个小朋友准备拿时，不管他怎么选择都可以跟前面三个同学其中的一个选法相同. 所以至少要有 4 个小朋友才能保证有两人选的玩具是相同的.

本题是抽屉原理应用的典型例题，作为重点讲解. 学生们可能会如下求解. 铺垫：$2\times3=6$ 件，$6\div2=3$ 人，要保证有相同的所以至少要有 $3+1=4$ 人；对于例题中的题目同样 $2\times4=8$ 件，$8\div2=4$ 人，要保证有相同的所以至少要有 $4+1=5$ 人. 因为铺垫是正好配上数了，而例题中的问题在于 4 种东西任选两种的选择有几种. 可以简单跟学生讲一下简单乘法原理的思想，但建议还是运用枚举法列表进行分析，按顺序列表可以做到不遗漏、不重复.

**【例 8】**　红、蓝两种颜色将一个 $2\times5$ 方格图中的小方格随意涂色（见下图），每个小方格涂一种颜色. 是否存在两列，它们的小方格中涂的颜色完全相同？

| | 第一列 | 第二列 | 第三列 | 第四列 | 第五列 |
|---|---|---|---|---|---|
| 第一行 | | | | | |
| 第二行 | | | | | |

**解析**　用红、蓝两种颜色给每列中两个小方格随意涂色，只有下面四种情形：

| 红 | 红 | 蓝 | 蓝 |
|---|---|---|---|
| 红 | 蓝 | 红 | 蓝 |

将上面的四种情形看成四个“抽屉”，把五列方格看成五个“苹果”，根据抽屉原理，将五个苹果放入四个抽屉，至少有一个抽屉中有不少于两个苹果，也就是至少有一种情形占据两列方格，即这两列的小方格中涂的颜色完全相同.

［**举一反三**］

1. 将每一个小方格涂上红色、黄色或蓝色（每一列的三小格涂的颜色不相同），不论如何涂色，其中至少有两列，它们的涂色方式相同，你同意吗？

**解析** 这道题是例题的拓展提高，通过列举我们发现给这些方格涂色，要使每列的颜色不同，最多有6种不同的涂法：

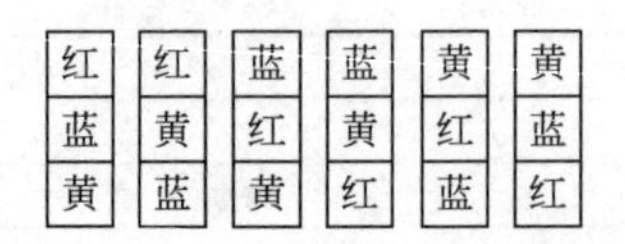

| 红 | 红 | 蓝 | 蓝 | 黄 | 黄 |
|---|---|---|---|---|---|
| 蓝 | 黄 | 红 | 黄 | 红 | 蓝 |
| 黄 | 蓝 | 黄 | 红 | 蓝 | 红 |

涂到第六列以后，就会跟前面的重复.所以不论如何涂色，其中至少有两列它们的涂色方式相同.

2. 从2,4,6,8,…,50这25个偶数中至少任意取出多少个数，才能保证有2个数的和是52?

**解析** 构造抽屉：{2,50},{4,48},{6,46},{8,44},…,{24,28},{26}，共13种搭配，即13个抽屉，所以任意取出14个数，无论怎样取，有两个数必同在一个抽屉里，这两数和为52，所以应取出14个数.或者从小数入手考虑，2,4,6,…,26，当再取28时，与其中的一个去搭配，总能找到一个数使这两个数之和为52.

3. 证明：在从1开始的前10个奇数中任取6个，一定有2个数的和是20.

**解析** 将10个奇数分为五组(1,19),(3,17),(5,15),(7,13),(9,11)，任取6个必有两个奇数在同一组中，这两个数的和为20.

[**拓展练习**]

从1、2、3、4、5、6、7、8、9、10、11和12中至多选出________个数，使得在选出的数中，每一个数都不是另一个数的2倍.

**解析** 把这12个数分成6个组：

第1组：1,2,4,8

第2组：3,6,12

第3组：5,10

第4组：7

第5组：9

第6组：11

每组中相邻两数都是2倍关系，不同组中没有2倍关系.

选没有2倍关系的数，第1组中共有3组，每组中最多2个数(1、4，或2、8，或1、8)，第2组中有1组，最多2个数(3、12)，第3组只有1个，第4、5、6组都可以取，一共2+2+1+1+1+1=8个.

如果任意取 9 个数，因为第 3、4、5、6 组一共 5 个数中，最多能取 4 个数，剩下 9－4＝5 个数在 2 个组中，根据抽屉原理，至少有 3 个数是同一组的，必有 2 个数是同组相邻的数，是 2 倍关系.

## 练习题

1. 试说明 400 人中至少有两个人的生日相同.

2. 光明小学有 367 名 2000 年出生的学生，请问是否有生日相同的学生？

3. 证明：任取 6 个自然数，必有两个数的差是 5 的倍数.

4. 将全体自然数按照它们个位数字可分为 10 类：个位数字是 1 的为第 1 类，个位数字是 2 的为第 2 类，……，个位数字是 9 的为第 9 类，个位数字是 0 的为第 10 类.

(1) 任意取出 6 个互不同类的自然数，其中一定有 2 个数的和是 10 的倍数吗？

(2) 任意取出 7 个互不同类的自然数，其中一定有 2 个数的和是 10 的倍数吗？

如果一定，请简要说明理由；如果不一定，请举出一个反例.

5. 证明：任给 12 个不同的两位数，其中一定存在着这样的两个数，它们的差是个位与十位数字相同的两位数.

6. 21 名男、女学生排成 3 行 7 列的队形做操. 老师是否总能从队形中划出一个矩形，使得站在这个矩形 4 个角上的学生或者都是男生，或者都是女生？如果能，请说明理由；如果不能，请举出实例.

7. 篮子里有苹果、梨、桃和橘子，现有若干个小朋友，如果每个小朋友都从中任意拿两个水果，那么至少有多少个小朋友才能保证有两个小朋友拿的水果是相同的？

8. 幼儿园买来许多牛、马、羊、狗塑料玩具，每个小朋友任意选择两件，但不能是同样的，问：至少有多少个小朋友去拿，才能保证有两人所拿玩具相同？

9. 从 1，4，7，10，…，37，40 这 14 个数中任取 8 个数，试证：其中至少有两个数的和是 41.

10. 从 1，2，3，…，100 这 100 个数中任意挑出 51 个数，证明在这 51 个数中，一定有两个数的差为 50.

11. 从 1，2，3，4，…，19，20 这 20 个自然数中，至少任选几个数，就可以保证其中一定包括两个数，它们的差是 12？

12. 从 1，2，3，4，…，1988，1989 这些自然数中，最多可以取多少个数，其中每两个数的差不等于 4？

13. 从 1，3，5，7，…，97，99 中最多可以选出多少个数，使得选出的数中，每一个数都不是另一个数的倍数？

14. 从整数 1，2，3，…，199，200 中任选 101 个数，求证在选出的这些自然数中至少有两个数，其中的一个是另一个的倍数.

15. 在边长为 3 的正三角形内，任意放入 10 个点，求证：必有两个点的距离不大于 1.

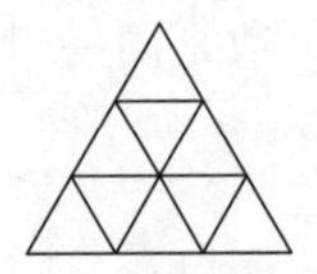

16. 9 条直线的每一条都把一个正方形分成两个梯形，而且它们的面积之比为 2 ∶ 3. 证明：这 9 条直线中至少有 3 条通过同一个点.

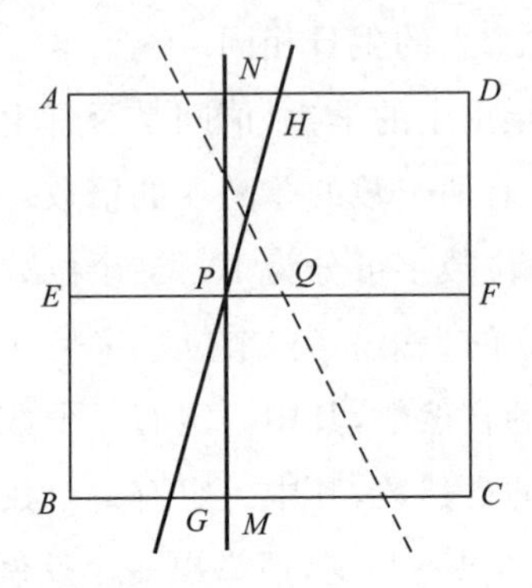


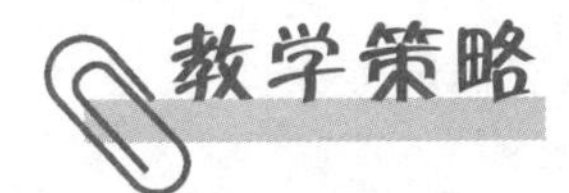


**1. 教学目标**

(1) 理解抽屉原理的基本概念、基本用法.

(2) 掌握运用抽屉原理解题的基本过程.

(3) 能够构造抽屉进行解题.

**2. 教学方法**

在讲述抽屉原理时可以强调学生要从寻找抽屉、构造抽屉入手，首先培养直观理解，利用数形结合，构造数学模型，从模型中发现不同、找到不同、解决问题，培养学生学习新问题的模式.

**3. 教学建议**

“抽屉原理”应用很广泛且灵活多变，可以解决一些看上去很复杂、觉得无从下手，却又是相当有趣的数学问题. 但对于小学生来说，理解和掌握“抽屉原理”还存在着一定的难度. 所以，在本节课的教学中可以根据学生的认知特点和规律，在设计时可以主要运用产生式教学策略中的数感教学策略和应用意识教学策略两种方式，着眼于开拓学生视野，激发学生兴趣，提高解决问题的能力，通过动手操作、小组活动等方式组织教学.

(1) 游戏激趣，初步体验抽屉原理.

创设贴近学生生活实际的情景. 情境中激发兴趣，兴趣是最好的老师. 课前可以设计“抢椅子”的小游戏，简单却能真实地反映“抽屉原理”的本质. 通过小游戏，一下就抓住学生的注意力，让学生觉得这节课要探究的问题好玩又有意义. 再充分利用学生已有的经验学习数学.

(2) 讨论交流，操作探究，寻找抽屉原理的一般规律.

这一环节可以利用提出问题—验证结论—解决问题—初步建模—运用假设法—发现规律—介绍课外知识等数学活动，引导学生探究抽屉原理的一般规律.

① 提出问题：把 3 本书、4 支笔分别放进 2 个抽屉、3 个笔筒中，不管怎么放，总有一个抽屉（笔筒）至少放进几本（几支）. 让学生猜测“至少会是”几支.

② 验证结论：不管学生猜测的结论是什么，都要求学生借助实物进行操作，来验证结论. 学生以小组为单位进行操作和交流时，教师深入了解学生操作情况，找出列举所有情况的学生并板书.

先请列举所有情况的学生进行汇报，一说明列举的不同情况，二结合操作说明自己的结论.（教师根据学生的回答板书所有的情况）

学生汇报完后，教师再利用多媒体课件，指出每种情况中都有几支铅笔被放进了同一个文具盒.

参与教学策略.

由问题产生的参与是思维的参与. 教师充分发挥学生的主观能动性，创设丰富生动、富有挑战性的生活情境，激发学生参与的兴趣，通过问题激发学生主动参与学习活动，积极参与思考、讨论、动手实践、尝试练习，真正做学习的主人. 如利用“鸽巢原理”中鸽子的聪明和机智一一占巢以及同学抢座位的做法让学生自然而然想到抽屉原理和“平均分”有着非常紧密的联系，再结合前面学生的动手操作验证平均分的作用.

合作教学策略.

合作策略是指通过教师与学生之间，尤其是学生与学生之间的共同合作，达到某一预期的教学目标. 小组学习活动是合作教学中最基本、最常用的形式. 培养学生合作交流的习惯是非常重要的.

# 第十二讲　方 阵 问 题

同学们要参加运动会入场式，要进行队列操练，解放军排着整齐的方队接受检阅等，无论是训练或接受检阅，都要按一定的规则排成一定的队形，于是就产生了这一类的数学问题.

在实际生活中，横着排叫做行，竖着排叫做列. 如果行数与列数都相等，则正好排成一个正方形，这种图形就叫方队，也叫做方阵(亦叫乘方问题).

方阵问题从不同的角度可分为实心方阵图 1(例 1)、空心方阵图 2(例 2)、正方形方阵图 1、2(例 3)、三角形方阵图 3(例 4)等.

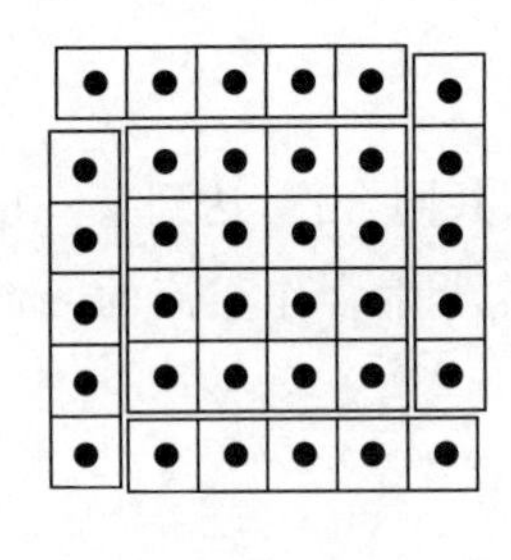

图 1

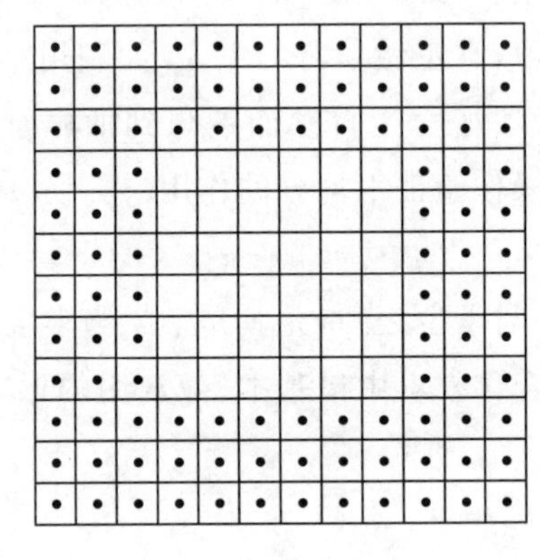

图 2

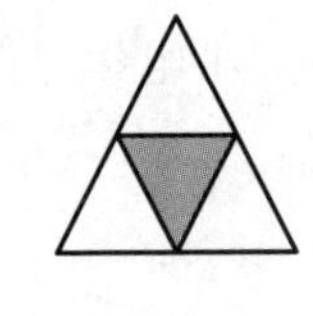

图 3

## 核心提示

核心公式：

(1) 方阵总人数＝最外层每边人数的平方(方阵问题的核心)

(2) 方阵最外层每边人数＝(方阵最外层总人数÷4)＋1

(3) 方阵外一层总人数比内一层总人数多 8

(4) 方阵去掉一行、一列后去掉的人数＝每边人数×2－1

(5) 空心方阵的总人(或物)数＝(最外层每边人(或物)数－空心方阵的层数)×空心方阵的层数×4

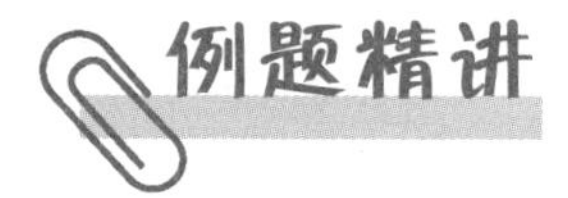


## 板块一　实心方阵

【例 1】 学校学生排成一个方阵，最外层的人数是 60 人，问这个方阵共有学生多少人？

**解析**　方阵问题的核心是求最外层每边人数．

根据四周人数和每边人数的关系可知：

每边人数＝四周人数÷4＋1，可以求出方阵最外层每边人数，进而可以求出整个方阵队列的总人数．

方阵最外层每边人数：60÷4＋1＝16(人)

整个方阵共有学生人数：16×16＝256(人)．

答：这个方阵共有学生 256 人．

［**举一反三**］

1．某校五年级学生排成一个方阵，最外一层的人数为 60 人．问方阵外层每边有多少人？这个方阵共有五年级学生多少人？

**解析**　方阵最外层每边人数：60÷4＋1＝16(人)

整个方阵共有学生人数：16×16＝256(人)

答：方阵最外层每边有 16 人，此方阵中共有 256 人．

2．三年级一班参加运动会入场式，排成一个方阵，最外层一周的人数为 20 人，问方阵最外层每边的人数是多少？这个方阵共有多少人？

**解析**　根据四周人数与每边人数的关系可知：

每边人数＝四周人数÷4＋1，可以求出这个方阵最外层每边的人数，那么这个方阵队列的总人数就可以求了．

(1) 方阵最外层每边的人数：20÷4＋1＝5＋1＝6(人)

(2) 整个方阵共有学生人数：6×6＝36(人)

答：方阵最外层每边的人数是 6 人，这个方阵共有 36 人．

［**拓展练习**］

小红用棋子摆成一个正方形实心方阵，用棋子 100 枚，最外边的一层共多少枚棋子？

**解析**　这要用到方阵的公式逆运算，100 必然是一个数的平方数．

因为 10×10＝100(人)，并且是实心的方阵，所以最外层有 10 人．

$$\sqrt{100}=10(\text{人})$$

答：最外边的一层共 10 枚棋子．

## 板块二 空心方阵

**【例 2】** 解放军战士排成一个每边 12 人的中空方阵，共四层，求总人数.

**解析** 方法 1：把中空方阵的总人数，看作中实方阵总人数减去空心方阵人数.

中实方阵总人数：12×12=144（人）.

第四层每边人数：12－2×(4－1)=6（人）.

空心方阵人数：(6－2)×(6－2)=16（人）.

中空方阵人数：144－16=128（人）.

答：总人数是 128 人.

方法 2：把中空方阵分成四个相等的矩形.

(1) 每个矩形的长=外边人数－层数：12－4=8（人）.

(2) 每个矩形的宽是层数：4 人.

(3)总人数：8×4×4=128（人）.

答：总人数是 128 人.

［举一反三］

1. 晶晶用围棋子摆成一个三层空心方阵，最外一层每边有围棋子 14 个. 晶晶摆这个方阵共用围棋子多少个？

**解析** 方阵每向里面一层，每边的个数就减少 2 个. 知道最外面一层每边放 14 个，就可以求第二层及第三层每边个数. 知道各层每边的个数，就可以求出各层总数.

方法 1：最外边一层棋子个数：(14－1)×4=52（个）.

第二层棋子个数：(14－2－1)×4=44（个）.

第三层棋子个数：(14－2×2－1)×4=36（个）.

摆这个方阵共用棋子：52+44+36=132（个）.

方法 2：按中空方阵总个数=(外层每边个数－层数)×层数×4 进行计算.

(14－3)×3×4=132（个）

答：摆这个方阵共需 132 个围棋子.

2. 明明用围棋子摆成一个三层空心方阵，如果最外层每边有围棋子 15 个，明明摆这个方阵最里层一周共有多少棋子？摆这个三层空心方阵共用了多少个棋子？

**解析** 方阵每向里面一层，每边的个数就减少 2 个，知道最外面一层，每边放 15 个，可以求出最里层每边的个数，就可以求出最里层一周放棋子的总数.

根据最外层每边放棋子的个数减去这个空心方阵的层数，再乘以层数，再乘以 4，计算出这个空心方阵共用棋子多少个.

最里层一周棋子的个数是：(15－2－2－1)×4=40（个）.

这个空心方阵共用的棋子数是：$(15-3)\times3\times4=144$(个).

答：这个方阵最里层一周有 40 个棋子；摆这个空心方阵共用 144 个棋子.

3. 有一队学生，排成一个中空方阵，最外层人数是 52 人，最内层人数是 28 人，这队学生共多少人？

**解析**　中空方阵外层每边人数等于最外层人数$\div4+1$，中空方阵内层每边人数等于最内层人数$\div4-1$，利用平方做差可得.

中空方阵外层每边人数$=52\div4+1=14$(人)

中空方阵内层每边人数$=28\div4-1=6$(人)

中空方阵的总人数$=14\times14-6\times6=160$(人)

答：这队学生共 160 人.

［**拓展练习**］

五年级学生分成两队参加学校广播操比赛，他们排成甲乙两个方阵，其中甲方阵每边的人数等于 8，如果两队合并，可以另排成一个空心的丙方阵，丙方阵每边的人数比乙方阵每边的人数多 4 人，甲方阵的人数正好填满丙方阵的空心. 五年级参加广播操比赛的一共有多少人？

**解析**　若只排列一个乙方阵，则多余的人数为(即甲方阵的人数)$8\times8=64$(人)，排列一个实心的丙方阵，不足的人数是 $8\times8=64$(人). 假设丙方阵为实心方阵，则乙多的人数是 $8\times8+8\times8=128$(人)，又根据方阵扩展一层，每边增加 2 人，丙方阵比乙方阵的外边多 4 人，丙方阵多于乙方阵的层数是 $4\div2=2$(层)，方阵扩展 2 层，需要增加 128 人，则方阵最外层的人数是 $(128+2\times4)\div2=68$(人)，丙方阵的总人数 $18\times18-8\times8=260$(人).

假设丙方阵为实心方阵，则方阵最外层的人数是

$$(8\times8+8\times8+2\times4)\div2=68(\text{人})$$

丙方阵最外层每边的人数是 $68\div4+1=18$(人).

空心丙方阵的总人数是 $18\times18-8\times8=324-64=260$(人).

答：五年级参加广播操比赛的一共有 260 人.

## 板块三　正方形方阵

**【例 3】**　参加中学生运动会团体操比赛的运动员排成了一个正方形队列. 如果要使这个正方形队列减少一行和一列，则要减少 33 人. 问参加团体操表演的运动员有多少人？

**解析**　右图表示的是一个五行五列的正方形队列. 从图中可以看出正方形的每行、每列人数相等；最外层每边人数是 5，去一行、一列则一共要去 9 人，因而我们可以得到如下公式：去掉一行、一列的总人数＝

去掉的每边人数×2－1.

方阵问题的核心是求最外层每边人数.

原题中去掉一行、一列的人数是33,则去掉的一行(或一列)

$$人数=(33+1)\div 2=17(人)$$

方阵的总人数为最外层每边人数的平方,所以总人数为17×17＝289(人)

答:参加团体操表演的运动员有289人.

[**举一反三**]

1. 一个正方形的队列横竖各减少一排共27人,求这个正方形队列原来有多少人?

**解析** 去掉一行、一列的总人数＝去掉的每边人数×2－1.

每边的人数是: $(27+1)\div 2=14(人)$

原人数是: $14\times 14=196(人)$

答:这个正方形队列原来有196人.

2. 一堆棋子,排列成正方形,多余4只棋子,若正方形纵横两个方向各增加一层,则缺少9只棋子,问有棋子多少只?

**解析** 去掉一行、一列的总人数＝去掉的每边人数×2－1.

$$纵横方向各增加一层所需棋子数=4+9=13(只)$$

$$纵横增加一层后正方形每边棋子数=(13+1)\div 2=7(只)$$

$$原有棋子数=7\times 7-9=40(只)$$

答:棋子有40只.

3. 学校开展联欢会,要在正方形操场四周插彩旗.四个角上都插一面,每边插7面.一共要准备多少面旗子?

**解析** 依据求外层个数的公式:(边数－1)×4.

$$(7-1)\times 4=24(面)$$

答:一共要准备24面旗子.

[**拓展练习**]

| A | B | C | D |
|---|---|---|---|
| E | F | G | H |
| I | J | K | L |
| M | N | O | P |

参加军训的学生进行队列表演,他们排成了一个七行七列的正方形队列,如果去掉一行一列,请问:要去掉多少名学生?还剩下多少名学生?

**解析** 右图表示的是一个4行4列的实心正方形队列,从图中可以看出正方形队列的特点:

(1) 正方形队列每行、每列的人数相等,因此总人数＝每行人数×每列人数.

(2) 去掉横竖各一排时,有且只有1人是同时属于被减去的一行和一列的,如图中点A所示.因此去掉的总人数＝原每行人数×2－1,或去掉的总人数＝减少后每行人数×2＋1.

去掉的人数$=7\times2-1=13$(人)

或去掉的人数$=(7-1)\times2+1=13$(人)

还剩的人数$=(7-1)\times(7-1)=36$(人)

或还剩的人数$=7\times7-13=49-13=36$(人)

答:如果去掉一行一列,要去掉13名学生,还剩下36名学生.

## 板块四　三角形点阵

**【例4】** 一个街心花园如右图所示.它由四个大小相等的等边三角形组成.已知从每个小三角形的顶点开始,到下一个顶点均匀栽有9棵花.问大三角形边上栽有多少棵花?整个花园中共栽多少棵花?

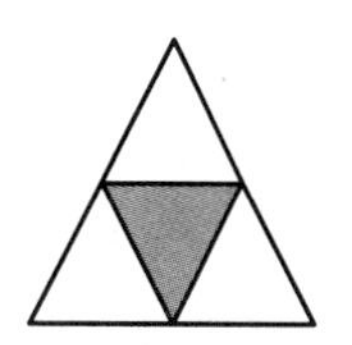

**解析** 从已知条件中可以知道大三角形的边长是小三角形边长的2倍.又知道每个小三角形的边上均匀栽9棵,则大三角形边上栽的棵数为$9\times2-1=17$(棵).

又知道这个大三角形三个顶点上栽的一棵花是相邻的两条边公有的,所以大三角形三条边上共栽花$(17-1)\times3=48$(棵).

再看图中画斜线的小三角形三个顶点正好在大三角形的边上,在计算大三角形栽花棵数时已经计算过一次,所以小三角形每条边上栽花棵数为$9-2=7$(棵).

大三角形三条边上共栽花:$(9\times2-1-1)\times3=48$(棵).

中间画斜线小三角形三条边上栽花:$(9-2)\times3=21$(棵).

整个花坛共栽花:$48+21=69$(棵).

答:大三角形边上共栽花48棵,整个花坛共栽花69棵.

[**举一反三**]

1. 玲玲家的花园中,有一个由四个大小相同的小等边三角形组成的一个大三角形花坛,玲玲在这个花坛上种了若干棵鸡冠花,已知每个小三角形每边上种鸡冠花5棵,问大三角形的一周有鸡冠花多少棵?玲玲一共种鸡冠花多少棵?

**解析** 大三角形的一条边是由两条小三角形的边组成的,而在大三角形一条边的中间那棵花,是两条小三角形的边所共用的,所以如果小三角形每边种花5棵,那么大三角形每边上种花的棵数就是$5\times2-1=9$(棵)了,又由于大三角形三个顶点上的3棵花,都是大三角形的两条边所共用的,所以大三角形一周种花的棵数等于大三角形三边上种花棵数的和减去三个顶点上重复计算的3棵花,即:$9\times3-3=24$,就是大三角形一周种花的棵数.

三角形各条边上种鸡冠花棵数的总和,等于里边小三角形一周上种花的棵数,加上大三角形一周种花的棵数,再减去重复计算的3棵花(因为里边小三角形的三个顶点上的三棵花,也分别是外边大三角形每条边上的一棵花).

大三角形一周上种花的棵数是：$(5\times2-1)\times3-3=24$(棵).

小三角形一周种鸡冠花的棵数是：$(5-1)\times3=12$(棵).

玲玲一共种鸡冠花的棵数是：$24+12-3=33$(棵).

答：大三角形一周种鸡冠花 24 棵；玲玲一共种鸡冠花 33 棵.

2. 同学们做早操，排成一个正方形的方阵，从前、后、左、右数，小明都是第 5 个，这个方阵共有多少人？

**解析** 如右图所示，实心圆表示小明的位置，可以知道，这个队列每行都是 9 人.

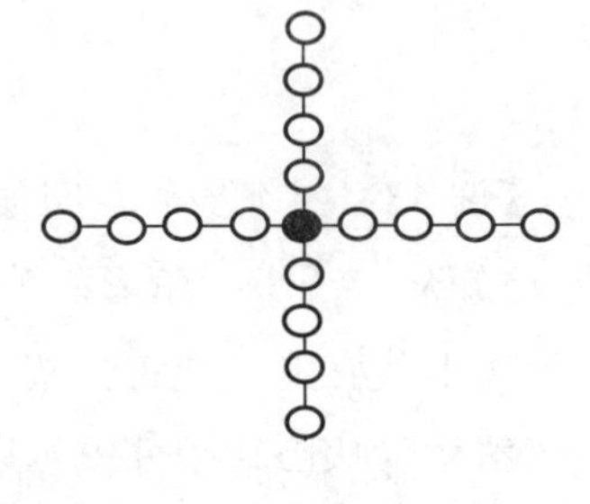

每行每列数：　　$5\times2-1=9$(人)

共有　　　　　$9\times9=81$(人)

答：这个方阵共有 81 人.

3. 小明用围棋子摆了一个五层中空方阵，一共用了 200 枚棋子，请问：最外边一层每边有多少枚棋子？

**解析** 方法 1：利用“相邻两层之间，每层的总数相差 8”的特点，可知最外层共有棋子数：

$$(200+8+8\times2+8\times3+8\times4)\div5=56(\text{个})$$

最外层每边的棋子数：$56\div4+1=15$(个).

方法 2：把棋子分成相等的四部分.

每一部分的棋子数：$200\div4=50$(个).

每一部分每排的棋子数：$50\div5=10$(个).

最外层每边的棋子数：$10+5=15$(个).

综合列式为：$200\div4\div5+5=15$(个).

答：最外边一层每边有 15 枚棋子.

[**拓展练习**]

游行队伍中，手持鲜花的少先队员在一辆彩车的四周围成每边三层的方阵，最外边一层每边 12 人，请问：彩车周围的少先队员共有多少人？

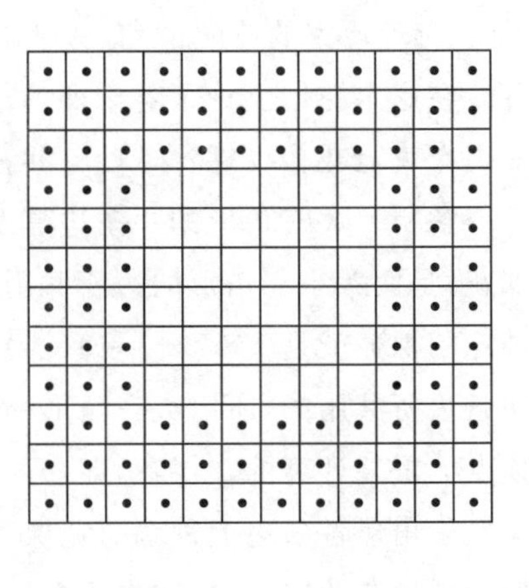

**解析** 方法 1：请同学们自己画一个图. 右图是一个三层中空方阵的示意图，不难发现，有如下特点：

(1) 外层每边点的个数都比相邻内层的每边点的个数多 2；

(2) 每相邻两层之间，点的总数相差 8 个.

最外层队员的总数：$12\times4-4=44$(人)

三层共有队员的总数：$44+(44-8)+(44-8\times2)=44+36+28=108$(人)

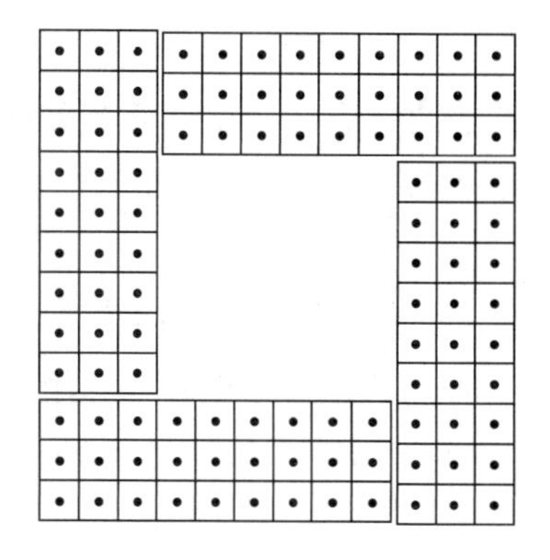

方法 2：如右图可分成相等的四部分，每一部分的人数：

$$(12-3)\times3=9\times3=27(\text{人})$$

三层共有队员数：$27\times4=108$(人)

答：彩车周围的少先队员共有 108 人.

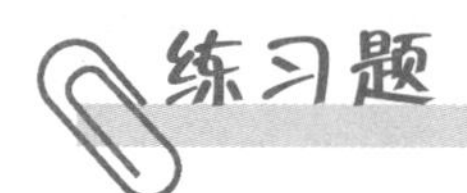

## 练习题

1. 若干名同学排成中实方阵则多 12 人，若要将这个方阵改摆成纵横两个方向各增加 1 人的方阵则还差 9 人排满，请问：原有学生多少人？

2. 有一队士兵排成一个中实方阵，最外一层有 100 人，请问：方阵中一共有士兵多少人？

3. 小刚用若干枚棋子摆成一个中实方阵，最外层每边摆 6 枚，请问：要摆成这样一个中实方阵至少需要多少枚棋子？最外一层的棋子总数是多少？

4. 一队学生站成 20 行 20 列方阵，如果去掉 4 行 4 列，那么要减少多少人？

5. 正方形舞厅四周均匀的装彩灯，如果四个角都装一盏且每边装 12 盏，那么这个舞厅四周共装彩灯多少盏？

6. "六一"儿童节前夕，在校园雕塑的周围，用 204 盆鲜花围成了一个每边三层的方阵，请求出最外面一层每边有鲜花多少盆？

7. 四年级一班参加运动会入场式，排成一个方阵，最外层一周的人数为 20 人，请问：方阵最外层每边的人数是多少？这个方阵共有多少人？

8. 明明用围棋子摆成一个三层中空方阵，如果最外层每边有围棋子 15 个，明明摆这个方阵最里层一周共有多少枚棋子？摆这个三层空心方阵共用了多少枚棋子？

9. 若干战士排成一个四层中空方阵，只知道最外一层每边有 12 人，请求出总人数.

10. 有若干盆鲜花摆成一个中空方阵，最外层共摆 48 盆，最内层共摆 24 盆，请问：共摆了多少盆鲜花？

11. 有杨树和柳树以隔株相间的种法，种成 7 行 7 列的方阵，问这个方阵最外一层有杨树和柳树各多少棵？方阵中共有杨树、柳树各多少棵？

## 教学策略

1. 教学目标

(1) 理解方阵这类题目的解题步骤，掌握方阵问题的解题思路.

(2) 初步了解方阵的变式题，如实心方阵、空心方阵、正方形方阵、三角形方阵之间的联系和区别.

2. 教学方法

在讲述方阵问题时可以强调学生要从画图入手，首先培养直观理解，利用数形结合，构造数学模型，从模型中发现不同、找到不同、解决问题，培养学生学习新问题的模式.

3. 教学建议

(1) 鼓励学生解决问题策略多样化的同时，又要引导学生优化方法.

可以从中实方阵为引子，由易到难过渡.放手让学生自主探究一层中空方阵(一个方阵最外层每边站 3 人，最外层一共站了多少人?)的算式，得出的方法有五种.

方法 1:4×3－4＝8(人)　每边 3 个圆点，4 边就有 3×4＝20，每个角上的都算重复一次，所以减去 4.

方法 2:(5－1)×2＝8(人)　每边都只算一个端点，这样每边都是 3 个圆点.(取头不取尾做到不重复不遗漏) 也可引导每边的圆点等于每两个圆点的间隔数.引出:(每边的圆点数－1)×4＝一圈的圆点数.

方法 3:3×2＋2×2＝8(人)　两边算 5 另两对边算 3.

方法 4:1×4＋4＝8(人)　每边两端都不算×4 再加上角落 4 个.

方法 5:(3－1)×4＝8(人)　把这个中空方阵看作一个封闭图形，封闭图形的人数等于间隔数.每边(3－1)个间隔，四周共 8 个间隔，即最外层有 8 人.

第五种方法和第一种方法便于让学生发现规律，抽象算法，可以设计一个按每边的数量、图形边数、四周的数量为列的表格，学生一目了然地观察到数据有规律的变化，然后再在比较的过程中优化解题方法，并将最后得到的优化方法抽象化.

(2) 适当延伸教学内容，激发学生挑战难度.

问题的延伸与拓展的过程其实是一种施压的过程，有压力才有弹力，往往可以磨练一个学生的意志品质.提升问题难度可以激发一部分学生的求知欲，这是一种自我激励的良好情感态度.因此适当拓展到二层、三层、四层(例 2)等多层中空方阵，初步理解并渗透一层中空方阵与多层中空方阵的联系与区别.又延伸拓展.教材中讲解的正方形方阵，如果变成不同正多边形的空心队形，这个空心队形一共站了多少人？学生在克服困难的过程中体验成功的愉悦感，不仅提高解决问题的数学思维能力，而且也帮助他们树立爱思考，解决困难获得成功的正确价值观.

# 练习题解析

## 第一讲　练习题解析

1. **解析**　400÷4＋1＝101(棵)
2. **解析**　(91－1)×5＝450(米)
3. **解析**　240÷3＋1＝81(棵)
4. **解析**　路长:45×(53－1)＝2 340(米)
   每隔 60 米能种的树:2 340÷60＋1＝40(棵)
   余下树:53－40＝13(棵)
5. **解析**　路长:60×(51－1)＝3 000(米)
   每隔 40 米杆数:3 000÷40＋1＝76(根)
   还需要: 76－51＝25(根)
6. **解析**　(4－1)×2＝6(分钟)
7. **解析**　每层速度:48÷(4－1)＝16(秒)
   还需时间:16×(8－4)＝64(秒)
8. **解析**　每个间隔用时:12÷(4－1)＝4(秒)
   6 点钟敲 6 下,间隔 6－1＝5(个)
   用时:4×(6－1)＝20(秒)
9. **解析**　(10－1)×1＝9(米)
10. **解析**　4 分钟汽车开出的距离:8×(153－1)＝1 216(米)
    汽车速度:1 216÷4＝304(米/分)
    小强家离学校的距离:304×30＝9 120(米)
11. **解析**　5 分钟的路程:9×(501－1)＝4 500(米)
    汽车速度:4 500÷5＝900(米/分),即每分钟走 900 米.
12. **解析**　每一层有台阶:36÷(3－1)＝12(级)
    一至六层台阶:12×(6－1)＝60(级)
13. **解析**　200÷(82÷2－1)＝5(米)
14. **解析**　属于两端不植问题.

$200\div(39+1)=5$(米)

15. **解析** 属于一端植树问题.

$100\div10=10$(面)

16. **解析** $(50\div5+1)\times2=22$(面)

17. **解析** 属于一端植树问题.

$25\times12=300$(米)

18. **解析** $1\,250\div25+1=51$(棵)

19. **解析** $(86-1)\times15=1\,275$(米)

20. **解析** $800\div(41-1)=20$(米)

21. **解析** $200\div25=8$(米)

22. **解析** 桃杏棵树相等.

$3\,000\div6\div2=250$(棵)

23. **解析** $300\div5=60$(株)

24. **解析** $40\times2=80$(米)

25. **解析** 属于两端不植问题.

$30\div2-1=14$(个)

26. **解析** 有 $25-1=24$ 个间隔,这些花盆的全长是 $24\times4=96$(米),现在要改为 6 米的间隔,那么只需要 $96\div6=16$(个)间隔,所以现在只要放 $16+1=17$(盆)花,如果两端的花盆不移动,那么每隔 12 米的花盆都不需要移动,所以一共不需要移动的有 $96\div12+1=9$(盆)花.

27. **解析** 前 19 辆车都是车长加间距,最后一辆车只有车长,所以

$(20-1)\times(2+18)+2=382$(米)

## 第二讲　练习题解析

1. **解析** 要解决本题,首先要求出 1999 年的"六一"到 2000 年"六一"相隔了多少天,然后根据 7 天一个周期即可推算出 2000 年的"六一"是星期几.

1999 年的 6 月、9 月、11 月,2000 年的 4 月这四个月每个月都有 30 天,这四个月共有:$30\times4=120$(天).

1999 年的 7 月、8 月、10 月、12 月,2000 年的 1 月、3 月、5 月这七个月每个月都有 31 天,这七个月共有:$31\times7=217$(天).

2000 年为闰年,所以 2000 年 2 月有 29 天.

所以,1999 年的"六一"到 2000 年"六一"共有

$120+217+29=366$(天)　$366\div7=52\cdots2$

即 2000 年的“六一儿童节”是星期四.

答:2000 年的“六一儿童节”是星期四.

2. **解析** 由于本题问的是积的个位数字是几,所以我们只需考虑积的个位数字的排列规律. 1 个 3 积的个位数字是 3,2 个 3 相乘积的个位数字是 9,3 个 3 相乘积的个位数字是 7,,4 个 3 相乘积的个位数字是 1,5 个 3 相乘积的个位数字是 3,……可以发现积的个位数字是以 3、9、7、1 不断重复出现,即每 4 个 3 相乘积的个位数字为一个周期. 所以本题的周期是 4.

$$3$$
$$3\times3=9$$
$$3\times3\times3=27$$
$$3\times3\times3\times3=81$$
$$3\times3\times3\times3\times3=243$$
$$\vdots$$
$$100\div4=25(个)$$

答:积的个位数字是 1.

3. **解析** 3/14=0.214 285 714 285 714 285 7…,这个混循环小数的循环节是 6 位,并且从小数点后第二位开始,因此,小数点后:

第 2,8,14…位上的数都是 1;

第 3,9,15…位上的数都是 4;

…

第 7,13,19,…位上的数都是 7.

3/14=0.214 285 714 285 714 285 7…

(2 000−1)÷6=333…1

小数点后第 2 000 位上的数字是 1.

答:小数点后第 2 000 位上的数字是 1.

4. **解析** 因为相邻的 3 个数字之和为 17,从左数起第一个数字与第二、三位数字之和为 17,所以第四位数字是 8. 这样就找到一条规律:从左向右每三位一循环,每隔两位必出现一个相同的数字. 从右向左规律相同.

从末尾 6 开始,自右向左,每隔 2 位出现一个 6,所以第五个表示的数字是 6.

5. **解析** 首先将这些花按照 5 朵红花、9 朵黄花、13 朵绿花的顺序轮流排列,即 5+9+13=27(朵)花为一个周期不断循环. 因为 249÷27=9…6,也就是经过 9 个周期还余下 6 朵花,每个周期前 5 朵应是红花,第 6 朵应是黄花.

$$249\div(5+9+13)=9\cdots6$$

红花:5×9+5=50(朵)

黄花：$9\times9+1=82$(朵)

绿花：$13\times9=117$(朵)

答：最后一朵是黄花.这249朵花中，红花有50朵、黄花有82朵、绿花有117朵.

6. **解析** 本题不难但易错，本题的周期是3+1而不是3+2.(由题可知，本书是按"1页文字3页插图"规律排列的.)

$$128\div(1+3)=32$$

$$3\times32=96(页)$$

答：这本童话书共有96页插图.

7. **解析** 这些数按每8个数一组有规律地排列着(两行一组).2001是这些数中的第1 001个数.所以周期是8,一共1 001个数.

$$2001\div8=125\cdots1$$

答：2 001以字母B作为代表.

8. **解析** 由排列组合可知一共有$4\times3\times2\times1=24$个不同的四位数，每个数字在千位上都出现6次，所以周期是6.

$$15\div6=2\cdots3$$

第15个应是第三周期中的第三个数，千位上是三的数有3 124、3 142、3 214等数，所以第15个是3 214.

9. **解析** 首先我们将分母为15的最简假分数由小到大依次排列如下所示.

$$16/15,17/15,19/15,22/15,23/15,26/15,28/15,29/15,$$

$$31/15,32/15,34/15,37/15,38/15,41/15,43/15,44/15\cdots$$

这样似乎找不出规律.但如果化成带分数重新排列，便可发现规律：带分数整数部分按自然数从小到大依次排列，分数部分分8个重复出现一次，即周期为8，且每个周期中8个带分数的整数部分相同.

$$99\div8=12\cdots3$$

所以，第99个数在第13个周期中的第3个位置上，它的整数部分是$12+1=13$，分数部分是4/15，即第99个分数为199/15，它的分子为199.

答：第99个假分数的分子是199.

10. **解析** 因为每次倒水后，A、B中的水的总量不发生变化，仍为1 999升，将其看作单位"1"，前几次的倒水结果为：第一次A中1/2，B中1/2；第二次A中2/3，B中1/3；第三次A中1/2，B中1/2；第四次A中3/5，B中2/5；第五次A中1/2，B中1/2；…….由此可见，倒入奇数次以后，A、B中水的容积是相等的，都是总量的1/2.

$$1\,999\div2=999.5(升)$$

答：倒了1 999次以后，B中有999.5升水.

11. **解析** 这是一道最小公倍数与周期问题结合的题.

首先周期为:$[3、4、6]=12$,从 5 月 1 日开始的 12 天中,张医生出诊的日期为:3、4、6、8、9、12 号这六天.所以每 12 天为一个巡诊周期,其中巡诊 6 天.(可以利用图表讲解)

从 5 月 1 日到 12 月 31 日共有天数为

$$31\times5+30\times3=245(\text{天})$$

张医生巡诊的周期数为:

$$245\div12=20\cdots5$$

剩下的 5 天中,张医生巡诊 2 天.

因此,张医生巡诊的总天数为

$$20\times6+2=122(\text{天})$$

答:从 5 月 1 日到 12 月 31 日,张医生应该去巡诊的天数是 122 天.

12. **解析** 将这 500 位同学从左到右顺次编上号码

$$1,2,3,4,5,6,\cdots,496,497,498,499,500$$

几次报数后,留下的同学号码分别为:

第一次:3,6,9,12,15,…,498

第二次:9,18,27,36,45,…,495

第三次:27,54,81,…,486

……

从上面可以看出,每次留下的号码分别是 $3,3\times3,3\times3\times3,\cdots$ 的倍数,那么最后留下的同学的号码是:$3\times3\times3\times3\times3$ 的 1 倍和 2 倍.

第一次报数:$500\div3=166\cdots2$,留下 166 人;

第二次报数:$166\div3=55\cdots1$,留下 55 人;

第三次报数:$55\div3=18\cdots1$,留下 18 人;

第四次报数:$18\div3=6$,留下 6 人;

第五次报数:$6\div3=2$,留下 2 人.

所以,最后留下两位同学的编号是:

$$3\times3\times3\times3\times3\times1=243$$

$$3\times3\times3\times3\times3\times2=486$$

答:这两位同学在开始的队伍中,位于从左到右的第 243 和第 486 个.

13. **解析** 本题的难点在于喝完的汽水瓶可以换汽水.周期是 4,难点在于每次总数.

第一次:龙龙喝了 100 瓶,获得 100 个空瓶;

第二次:龙龙用 100 个空瓶换回 25 瓶,喝完又获得 25 个空瓶.

第三次:龙龙用 25 个空瓶换回 6 瓶汽水和 1 个空瓶,喝完又获得 6 个空瓶,加上上次剩的 1 个空瓶,一共 7 个空瓶.

……

第一次:100 瓶汽水——100 空瓶

第二次:100÷4=25,25 瓶汽水——25 空瓶

第三次:25÷4=6…1,6 瓶汽水——6 空瓶+1 空瓶

第四次:7÷4=1…3,1 瓶汽水……1 空瓶+3 空瓶

第五次:4÷4=1,1 瓶汽水——1 空瓶,不够换了.

所以,一共喝了:100+25+6+1+1=133(瓶)

答:龙龙共能喝到 133 瓶汽水.

14. **解析** 根据已知条件,可以列举出这一列数的前几个数:0,1,3,8,21,55,144,377,…分别求出这些数除以 2 的余数和除以 3 的余数,列表如下:

| 原数 | 0 | 1 | 3 | 8 | 21 | 55 | 144 | 377 | … |
|---|---|---|---|---|---|---|---|---|---|
| 除以 2 的余数 | 0 | 1 | 1 | 0 | 1 | 1 | 0 | 1 | … |
| 除以 3 的余数 | 0 | 1 | 0 | 2 | 0 | 1 | 0 | 2 | |

由此,不难看出这列数中存在的循环规律.

(1)由于自然数的奇偶性满足以下关系:

奇数×3=奇数,偶数×3=偶数

奇数-奇数=偶数,奇数-偶数=奇数

偶数-奇数=奇数,偶数-偶数=偶数

所以,这列数中相邻两数奇偶不同时,下一个数是奇数;相邻两数同为奇数时,下一个数是偶数,从而这列数的奇偶规律是:偶、奇、奇、偶、奇、奇、……,循环周期是 3.

又因为 2 008÷3=669……1,所以第 2 008 个数是偶数.

答:第 2 008 个数是偶数.

(2)由已知条件可知,隔一个数的两个数之和是 3 的倍数,所以这列数除以 3 的余数是按 0、1、0、2,循环周期是 4.

因为 2 008÷4=502,所以第 2 008 个数除以 3 的余数是 2.

答:第 2 008 个数除以 3 的余数是 2.

## 第三讲　练习题解析

1. **解析** 13-8=5(岁)

答:小东比小浩大 5 岁.

2. **解析** 哥哥的年龄(36+4)÷2=20(岁)

弟弟的年龄 20-4=16(岁)

3. **解析** 小军今年 8 岁,爸爸今年 38 岁,他们的年龄差是 38-8=30(岁).那么几年后,爸爸

年龄是小军的 3 倍时，年龄差还是 30 岁，爸爸的年龄比小军的年龄多 3－1＝2(倍)，这样我们就可以求出小军几年后的年龄.

$$(38-8)\div(3-1)=15(\text{岁})$$

$$15-8=7(\text{年})$$

4. **解析** 因为 10 年后小芳的年龄是小英年龄的 2 倍，所以两人当时的年龄差为小英当时的年龄，即 5＋10＋小英 5 年前的年龄. 因为 5 年前小芳的年龄是小英年龄的 7 倍，两人的年龄差为小英当时年龄的 6 倍，所以 15 相当于小英 5 年前年龄的 5 倍，可求出小英 5 年前的年龄.

$$(10+5)\div(7-1-1)=3(\text{岁})$$

小英的年龄　3＋5＝8(岁)

小芳的年龄 3×7＋5＝26(岁)

5. **解析** 方法 1：

妹妹年龄差为 18－13＝5(岁)，不管经过多少年，两人的年龄差不变，仍然为 5 岁. 如果由 73 岁中减去 5 岁的差恰好为几年后妹妹年龄的 2 倍.

妹妹的年龄：[73－(18－13)]÷2＝34(岁)

姐姐的年龄：34＋5＝39(岁)

方法 2：

姐妹两人今年的年龄和可求出，每过一年两人的年龄和增长 2 岁，那么当两人年龄和增长到 73 岁时，增长的年龄应是年份增长的 2 倍，即可知当两人年龄和为 73 岁时又过了多少年，那么姐妹二人年龄就可以求出.

姐妹两人的年龄和为 73 岁时还需：

$$[73-(18+13)]\div2=21(\text{年})$$

那时，姐姐的年龄　18＋21＝39(岁)

妹妹的年龄　13＋21＝34(岁)

方法 3：

当姐妹两人年龄和为 73 岁时：

姐姐的年龄　[73＋(18－13)]÷2＝39(岁)

这时妹妹的年龄为 39－5＝34(岁)

6. **解析** 根据题意，先求 8 年来全家的年龄和增加了 70－47＝32(岁)，父母 8 年共增加了 8×2＝16(岁)，李荣 8 年只长了 23－16＝7(岁). 这说明李荣 8 年前还没出生，现在只有 7 岁. 父母年龄和是 70－7＝63(岁)，年龄差是 1 岁. 因此，爸爸的年龄为(63＋1)÷2＝32(岁)，妈妈的年龄为 32－1＝31(岁).

7. **解析** 从题中“哥哥和弟弟两人 3 年后年龄和是 27 岁”这句话，可以求出哥哥和弟弟今年的年龄和是 27－3×2＝21(岁)，从“弟弟今年的年龄正好是哥哥和弟弟两人的年龄差”，即哥哥年龄－弟弟年龄＝弟弟年龄.可以知道哥哥今年的年龄是弟弟年龄的 2 倍，弟弟年龄是哥哥年龄的 1/2.

弟弟今年的年龄　$(27-3\times2)\div(1+2)=7$(岁)

哥哥今年的年龄　$7\times2=14$(岁)

8. **解析**　把 1994 年姐姐和妹妹的年龄和看作 1 倍，那么妈妈 1994 年就是这样的 4 倍.到 2002 年过了 8 年，姐姐妹妹的年龄增加了 $8\times2=16$(岁)，要使妈妈年龄仍然是姐姐和妹妹年龄和的 4 倍，那么妈妈必须增加 $16\times4=64$(岁)，而实际只增加 8 岁.现在少增加 $64-8=56$(岁)，就少了 2002 年姐姐和妹妹这时的年龄和 $56\div2=28$(岁)，也求出了 2002 年妈妈的年龄.

$$(2002-1994)\times2=16\text{(岁)}$$

$$(16\times4-8)\div(4-2)=28\text{(岁)}$$

妈妈的年龄：$28\times2=56$(岁)

妈妈出生年：$2002-56=1946$(年)

9. **解析**　由“哥哥 5 年前的年龄与妹妹 4 年后的年龄相等”可知兄妹二人的年龄差为“4＋5”岁.由“哥哥 2 年后的年龄与妹妹 8 年后的年龄和为 97 岁”，可知兄妹二人今年的年龄和为97－2－8 岁.由“和差问题”解得

兄：$[(97-2-8)+(4+5)]\div2=48$(岁)

妹：$[(97-2-8)-(4+5)]\div2=39$(岁)

10. **解析**　如果用 1 段线表示兄弟二人 1994 年的年龄和，则父亲 1994 年的年龄要用 4 段线来表示.

父亲在 2000 年的年龄应是 4 段线再加 6 岁，而兄弟二人在 2000 年的年龄之和是 1 段线再加 $2\times6=12$(岁)，它是父亲年龄的一半，也就是 2 段线再加 3 岁.由 1 段＋12 岁＝2 段＋3 岁，推知 1 段是 9 岁，所以父亲 1994 年的年龄是 $9\times4=36$(岁)，他出生于 $1994-36=1958$(年).

## 第四讲　练习题解析

1. **解析**　$[(40-2)\times87+97\times2]\div40=87.5$(分)

2. **解析**　$85\times3-82\times2=91$(分)

3. **解析**　每个面包的单价：$6\div(12\div3)=1.5$(元)

乙多花的面包钱：$[5-(12\div3)]\times1.5=1.5$(元)，即丙应给乙的钱.

甲多花的面包钱：$[7-(12\div3)]\times1.5=4.5$(元)，即丙应给甲的钱.

4. **解析**　$[3\times8+4\times6.5-(3+4)\times5]\div(5-4)=15$(千克)

甲乙按原价卖和按混合价卖所产生的差价，都补给了丙，每当有 1 千克丙就获得补

给 5－4＝1(元)差价，那么甲乙的不同卖法的差价数包含几个丙不同卖法的差价，就说明有多少千克的丙.

5. **解析** 假设有 150 个苹果，则大班人数：150÷15＝10(人)

小班人数：150÷10＝15(人)

平分给两个班，每人得：150÷(15＋10)＝6(个)

6. **解析** 三个数的和：(51×2＋58×2＋59×2)÷2＝168

甲数：168－59×2＝50

乙数：168－58×2＝52

丙数：168－51×2＝66

7. **解析** 甲＋丁：186－189＋190＝187

甲－丁＝3，所以甲＝(187＋3)÷2＝95，丁＝95－3＝92

丙＝190－92＝98，乙＝186－95＝91

8. **解析** 二等奖有 12＋3＝15(人)

一等奖有 6－3＝3(人)

(1×15＋4×3)÷3＝9(分)

9. **解析** 100－86＝14(分)，14÷(86－84)＝7(次)，7＋1＝8(次)

10. **解析** 60×5－(70×5－80)＝30

11. **解析** 前五个月一共差(1 500－1 300)×5＝1 000(元)

六月以后每个月多 1 750－1 500＝250(元)

需要增加的月数 1 000÷250＝4(个)

超过 1 500 元的月份 6＋4＝10(月)

12. **解析** (30×6×2)÷(6＋30×6÷20)＝24(千米)

13. **解析** (95－4)×3－95×2＝83(分)

14. **解析** 前四个数的和：8.5×8－9.5×4＝30

第五个数：9.2×5－30＝16

15. **解析** 最低分：9.46×(5－1)－9.58×(5－2)＝9.1(分)

最高分：9.66×(5－1)－9.58×(5－2)＝9.9(分)

两者差：9.9－9.1＝0.8(分)

## 第五讲 练习题解析

1. **解析** (1)两次共取出球 160×2－(120＋116)＝84(个)，共取出红、白球的$\frac{1}{3}+\frac{1}{5}=\frac{8}{15}$，黄球的$\frac{1}{4}+\frac{1}{4}=\frac{1}{2}$. 推知原有黄球$\left(160\times\frac{8}{15}-84\right)\div\left(\frac{8}{15}-\frac{1}{2}\right)=40$(个).

(2)$\begin{cases}红+白=160-40\\ \frac{1}{3}红+\frac{1}{4}\times 40+\frac{1}{5}白=160-120\end{cases}$,

整理得$\begin{cases}红+白=120\\ \frac{1}{3}红+\frac{1}{5}白=30\end{cases}$,解得:红=45,白=75.

2. **解析** (菜地+稻田)×$\left(\frac{1}{2}+\frac{1}{3}\right)$=13+12=25(公顷),整理得到:菜地+稻田=30(公顷),$\frac{1}{2}$(菜地+稻田)=15(公顷),而题目中$\frac{1}{2}$菜地+$\frac{1}{3}$稻田=13(公顷),两者对比分析得到,稻田为(15−13)÷$\left(\frac{1}{2}-\frac{1}{3}\right)$=12(公顷).

3. **解析** 因为女选手人数有变化,男选手人数未变,所以抓住男选手人数不变求解.把总人数视为1,男选手人数是60×$\left(1-\frac{1}{4}\right)$=45(人),男选手人数占正式参赛选手总数的1−$\frac{2}{11}$,所以正式参赛选手总数是45÷$\left(1-\frac{2}{11}\right)$=55(人),正式参赛的女选手人数是55×$\frac{2}{11}$=10(人).

4. **解析** 根据题意知前三只小猴分别吃了总数的$\frac{1}{4}$,$\frac{1}{5}$,$\frac{1}{6}$,所以四只小猴共吃了46÷$\left(1-\frac{1}{4}-\frac{1}{5}-\frac{1}{6}\right)$=120(个).

5. **解析** 方法1:把男生人数视为单位1,未参加比赛的女生是$\left(1-\frac{1}{11}\right)$÷2=$\frac{5}{11}$,156−12=144(人)是男生和剩下的女生人数,所以男生有144÷$\left(1+\frac{5}{11}\right)$=99(人).

方法2:设五年级男生有11份,所以每份是(156−12)÷[(11+(11−1)÷2]=9(人),所以男生有9×11=99(人).

6. **解析** 甲原有600本书,借出去$\frac{1}{3}$之后还有600×$\left(1-\frac{1}{3}\right)$=400(本),这个时候是乙现在的两倍还多150,因此现在乙剩下的书为(400−150)÷2=125(本),而这125本正好是乙借出去75%以后剩下的,因此乙原来的书本数目便很容易求出了.根据题意可知,乙书架原有$\left(600-600\times\frac{1}{3}-150\right)$÷2÷(1−75%)=500(本)书.

7. **解析** 根据题意可知,甲的苹果的质量数比乙的苹果的质量数的$\frac{5}{6}\times\frac{4}{3}=\frac{10}{9}$少$\frac{4}{3}$千克,那么甲、乙两人苹果质量数之和比乙苹果质量数的$\left(1+\frac{10}{9}\right)$少$\frac{4}{3}$千克,故乙苹果的质量为$\left(100+\frac{4}{3}\right)\div\left(1+\frac{10}{9}\right)=48$(千克).

8. **解析** 由于原来黑子的个数是白子的 3 倍,假如拿的时候每次拿 6 枚黑子和 2 枚白子,则当白子拿完的时候黑子也恰好拿完,而现在每次拿 5 枚黑子,比每次拿 6 枚少拿 1 枚,最后还剩下 11 枚黑子,所以共拿了 11 次,这堆棋子中共有白子 $2\times11=22$(枚).

9. **解析** 后来参加新产品开发的职工人数是总人数的$\frac{1}{1+3}=\frac{1}{4}$,所以新加入的 2 个人占总人数的$\frac{1}{4}-\frac{1}{5}=\frac{1}{20}$,那么职工总人数为 $2\div\frac{1}{20}=40$(人),原来参加开发的职工数是$40\times\frac{1}{5}=8$(人).

10 **解析** 老大带的钱是另外三人的一半,也就说老大带的钱是一共带钱的$\frac{1}{3}$,同理老二带的钱是一共带钱的$\frac{1}{4}$,老三带的钱是一共带钱的$\frac{1}{5}$,所以老四带的钱是一共带钱的 $1-\frac{1}{3}-\frac{1}{4}-\frac{1}{5}=\frac{13}{60}$,四人一共带的钱为 $91\div\frac{13}{60}=420$(元).

## 第六讲　练习题解析

1. **解析** 由题意知:第一种方案:每人发 5 本多出 70 本;第二种方案:每人发 7 本多出 10 本;两种方案分配结果相差 $70-10=60$(本),这是因为两次分配中每人所发的本数相差 $7-5=2$(本),相差 60 本的学生有 $60\div2=30$(人).练习本有 $30\times5+70=220$(本)[或 $30\times7+10=220$(本)].

2. **解析** 本题购物的两个方案,第一个方案:买 7 把差 110 元,第二个方案:买 5 把还多 30 元,从买 7 把变成买 5 把,少买了 $7-5=2$(把),而钱的差额为 $110+30=140$(元),即 140 元可以买 2 把小提琴,可见小提琴的单价是每把 70 元,王老师一共带了 $70\times7-110=380$(元).

3. **解析** 如果 3 条船没有坏,每船坐 8 人,那么多余了 $8\times3-6=18$(个)座位.根据盈亏问题公式,有船$(18+22)\div(8-6)=20$(条),学生人数为 $20\times6+22=142$(人).

4. **解析** 每张餐布周围多坐一只小猪就是坐 5 只小猪,余出 4 个空位子就是少 4 只小猪,所以原问题可以转化为:如果每张餐布周围坐 4 只小猪,则多出 6 只小猪没处坐;如果每张餐布周围坐 5 只小猪,还少 4 只小猪,求有多少只小猪多少张餐布?所以餐布数是$(6+4)\div1=10$(张),有小猪 $10\times4+6=46$(只).

5. **解析** 饭后比饭前每分钟多打 32 个字,一分钟差 32 个字,640 个字,是 $640\div32=20$(分钟)差出来的,所以前 25 分钟与后 25 分钟,有 20 分钟速度不同,所以是在第 30 分钟时吃的饭.由于文章打到一半去吃饭,所以前30分钟打的字和后20分钟打的字同样多,后20分钟比前20分钟多打 $32\times20=640$(个)字,这640个字是饭前另外10分钟打出来的,所以饭前打字速度为 $640\div10=64$(个字/分钟),则饭前共打字 $64\times30=1\ 920$(个)字,这是全部的一半,所以全文共 $1\ 920\times2=3\ 840$(个)字.

6. **解析** $32+49=81,(81-1)\div2=40,40^2+32=1\ 632$.

7. **解析** 每人锄3亩,则余31亩,每人锄5亩,则少3亩,人数:$(31+3)\div(5-3)=17$(人)

亩数:$17\times3+31=82$(亩)

8. **解析** 2人各种4棵,其余的人各种6棵.我们把它统一成一种情况,让每人都种6棵,那么,就可以多种树 $(6-4)\times2=4$(棵).因此,原问题就转化为:如果没人各种5棵树苗,还有3棵没人种;如果每人种6棵树苗,还缺4棵.

人数:$[3+(6-4)\times2]\div(6-5)=7$(人)

棵树:$5\times7+3=38$(棵)

9. **解析** $(4\times5+5\times2)\div(5-4)=30$(人)

$4\times30+4\times5=140$(块)

## 第七讲　练习题解析

1. **解析** $280\div5=56$(千米/时)
2. **解析** $1800\div120=15$(分钟)
3. **解析** $(700+900)\div400=4$(分钟)
4. **解析** $1200\div(75-15)=200$(米)
5. **解析** $(182+1\ 034)\div(20-18)=608$(秒)
6. **解析** $(120+160)\div(20+15)=8$(秒)
7. **解析** $(450+570)\div12=85$(秒)
8. **解析** 车速:$(360-216)\div(24-16)=18$(米/秒)

车长:$24\times18-360=72$(米)

9. **解析** 车速:$(2\ 010-1\ 260)\div(90-60)=25$(米/秒)

车长:$25\times60-1\ 260=240$(米)

10. **解析** 上学骑车 ＋ 回家步行＝50(分钟)

上学步行＋回家步行＝70(分钟)

上下相减,上学步行－上学骑车＝20(分钟)

从而,往返步行 － 往返骑车＝$20\times2=40$(分钟)

所以全程骑车＝$70-40=30$(分钟)

11. **解析** 假设全是拖拉机送,5.5小时可行:$18\times5.5=99$(千米)

比实际多行:99－60＝39(千米)

步行时间:39÷(18－5)＝3(小时)

步行距离:5×3＝15(千米)

12. **解析**　假设两地距离为 144 千米,则往返时间分别为

144÷72＝2(小时)　　144÷48＝3(小时)

平均速度:144×2÷(2＋3)＝57.6(千米/时)

13. **解析**　设两地距离为 60 千米,则往返时间分别为

60÷20＝3(小时)　　60÷30＝2(小时)

平均速度:60×2÷(3＋2)＝24(千米/时)

14. **解析**　顺流速度:480÷16＝30(千米/时)

逆流速度:480÷20＝40(千米/时)

水流速度:(40－30)÷2＝5(千米/时)

15. **解析**　顺流速度比逆流速度快了 2 倍水速,即:2.5×2＝5(千米/时)

假设逆流行 6 小时,则比顺流 6 小时少行:5×6＝30(千米)

还需行 2 小时才能到,则逆流速度:30÷(8－6)＝15(千米/时)

从而,静水船速:15＋2.5＝17.5(千米/时)

16. **解析**　两队相距:935－(45＋40)×6＝425(米)

需要天数:935÷(45＋40)＝11(天)

17. **解析**　615÷5－60＝63(米)

18. **解析**　(15＋17)×3＝96(千米)

19. **解析**　火车速度:225÷5＝45(千米/时)

客车速度:45＋10＝55(千米/时)

两地距离:(45＋55)×5＝500(千米)

20. **解析**　甲车速度:272÷4＝68(千米/时)

乙车速度:(500－272)÷4＝57(千米/时)

21. **解析**　21÷(32－25)＝3(小时)

22. **解析**　2 000÷10＋80＝280(米/时)

23. **解析**　相遇时间:5 000×2÷(320＋305)＝16(分钟)

距返回点:5 000－305×16＝120(米)

24. **解析**　小明返回时与家的距离:65×20＝1 300(米)

哥哥出发时小明离家的距离:1 300－65×(25－20)＝1 300－325＝975(米)

哥哥出发后与小明相遇的时间:975÷(260＋65)＝975÷325＝3(分钟)

两人相遇时间:8 时 25 分＋3 分＝8 时 28 分

25. **解析**　骑车速度:4×3＝12(千米)

相遇时间：$60\div(12+4)=3.75$(小时)

距离A点：$12\times3.75=45$(千米)

26. **解析** B走5分钟本应到达乙地，说明A、B各走了800米的一半，所以

A的速度：$800\div2\div4=100$(米/分钟)

B的速度：$800\div2\div5=80$(米/分钟)

27. **解析** $15\times400\div(600-400)=30$(分钟)

28. **解析** $3\times5\div(7-5)=7.5$(小时)

29. **解析** $(35-26)\times(12-9)=27$(千米)

30. **解析** $500\div(90-70)=25$(分钟)

31. **解析** $(52-40)\times6=72$(千米)

32. **解析** A、C相距$50\times[1\,200\div(50+70)]=500$(米)

从出发到第二次相遇走了3个全程，所以从出发到第二次相遇的时间是$1\,200\times3\div(50+70)=30$(分钟)

C、D相距$50\times30-500=1\,000$(米)

33. **解析** 甲出发了两小时乙出发，所以两人此时相距$40-4\times2=32$(千米)

两人第一次相遇：$32\div(5+4)=\frac{32}{9}$(小时)

此时距A地：$4\times\left(2+\frac{32}{9}\right)=\frac{200}{9}$(千米)

再经过$80\div(5+4)=\frac{80}{9}$(小时)两人第二次相遇

此时距A地：$5\times\frac{80}{9}-\frac{200}{9}=\frac{200}{9}$(千米)

34. **解析** 第一次相遇，二车共行一个全程，甲车行40千米；

第二次相遇，二车共行三个全程，则甲应该行$3\times40=120$(千米)；

实际上甲行一个全程再加上20千米，所以全程距离是：$120-20=100$(千米).

35. **解析** 第一次相遇点离甲地40米，可知小冬行了40米，则从出发到第二次相遇，小冬共行路程$40\times3=120$(米)，甲、乙两地的距离为$120-15=105$(米).

36. **解析** 相遇时间：$50\div(3+2)=10$(小时)

狗跑路程：$10\times5=50$(千米)

37. **解析** 小冬与小希相遇时间：$77\div(5+6)=7$(小时)

小丽骑车的路程：$15\times7=105$(千米)

## 第八讲　练习题解析

1. **解析** 宝宝，宝宝，毛毛.

如果第一个人是宝宝族的，他说真话，那么他说的是“我是宝宝族的”. 如果这个人是毛毛族的，他说假话，他说的还是“我是宝宝族的”. 所以第二个人是宝宝族的，第三个人是毛毛族的.

2. **解析** 真，假，假，不确定.

第二个人显然说的是假话. 如果第三个人说的是真话，那么第四个人说的也是真话，产生矛盾. 所以第三个人说假话. 如果第四个人说真话，那么第一个人也说真话. 如果第四个人说假话，那么只有第一个人说真话. 所以可以确定第一个人说真话，第二、三个人说假话，第四个人不能确定.

3. **解析** 丙，乙，甲.

如果甲的判断完全正确，那么乙说对了一半“不是铁”，所以这矿石也不是锡，这样丙也说对了一半，矛盾. 如果乙的判断完全正确，那么甲对了一半，这矿石应是铜，丙也说对了一半，矛盾. 所以丙的判断完全正确，而乙完全错了，甲只说对了一半.

4. **解析** 三，一，四，二.

假设甲说的“丙是第一名”正确，结果推出丙是第三名，矛盾，故甲说的第二句话是正确. 由表中可知乙第一名，丁第二名，甲第三名，则第四名是丙.

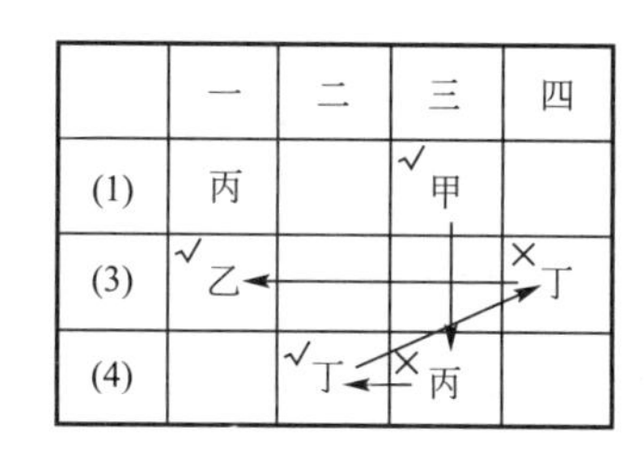


5. **解析** 陈刚.

如果王春做了坏事，则陈刚的两句话都是真话，不合题意；如果殷华做了坏事，则王春的两句话都是真话，不合题意；如果陈刚做了坏事，符合题意. 所以陈刚做了坏事.

6. **解析** 三.

$N$ 次比赛共得 $20+10+9=39$(分)，$39=3\times13$，所以共进行了 3 次比赛，每次比赛共得 13 分，即 $a+b+c=13$. 因为一班 3 次比赛共得 20 分，$20\div3=6\cdots2$，所以 $a\geqslant7$，$a$，$b$，$c$ 可能组合为 7，5，1；7，4，2；8，4，1；8，3，2；9，3，1，考虑到 3 次比赛得 20 分，只有 $a=8$，$b=4$，$c=1$ 时才有可能，由此推知三个班 3 次比赛的得分如下表.

| 得分 / 班次 / 场次 | 一班 | 二班 | 三班 |
|---|---|---|---|
| 第一次 | 8 | 1 | 4 |

| 得分 班次 / 场次 | 一班 | 二班 | 三班 |
|---|---|---|---|
| 第二次 | 8 | 1 | 4 |
| 第三次 | 4 | 8 | 1 |
| 总　分 | 20 | 10 | 9 |

7. **解析**　3.

B队得分是奇数，并且恰有两场平局，所以B队是平2场胜1场，得5分. A队总分第1，并且没有胜B队，只能是胜2场平1场(与B队平)，得7分. 因为C队与B队平局，负于A队，得分是奇数，所以只能得1分. D队负于A、B队，胜C队，得3分.

8. **解析**　3,1.

共赛了4×6÷2=12(场)，其中平了4场，分出胜负的8场，共得3×8+2×4=32(分). 因为前三位的队至少共得7+8+9=24(分)，所以后三位的队至多共得32−24=8(分). 又因为第四位的队比第五位的队得分多，所以第五位的队至多得3分. 因为第六位的队可能得0分，所以第五位的队至少得1分(此时这两队之间必然没有赛过).

9. **解析**　3∶2,3∶4.

由乙队共进2球，胜2场平1场推知，乙队胜的两场都是1∶0，平的一场是0∶0. 由甲队与乙队是0∶0，甲队与丙队未赛，推知甲队所有的进球都来自与丁队的比赛，所以甲队与丁队是3∶2. 由丙队与乙队是0∶1，丙队与甲队未赛，所以丙队与丁队是3∶4.

10. **解析**　9.

因为9个人回答出了7种不同的人数，所以说谎话的不少于7人. 若说谎话的有7人，则除B外，其他回答问题的8人均说了谎话，出现矛盾；若说谎话的有8人，则回答问题的9人均说了谎话，出现矛盾；若说谎话的有10人，则只能1人说实话，而A和F都说了实话，出现矛盾；若说谎话的有11人，则没有说实话的，而E说了实话，出现矛盾；显然说谎话的有9人，回答问题的9人均说谎话，休息的两人说实话.

## 第九讲　练习题解析

1. **解析**　有兔(94−35×2)÷(4−2)=12(只)，有鸡35−12=23(只).

2. **解析**　这道例题是已知鸡、兔的脚数和，鸡比兔多的只数，求鸡、兔各几只. 我们假设鸡与兔只数一样多，那么现在它们的足数一共有 274－2×26＝222(只)，每一对鸡、兔共有足 2＋4＝6(只)，鸡兔共有对数(也就是兔子的只数)222÷6＝37(对)，则鸡有 37＋26＝63(只).

3. **解析** 本题由中国古算名题“百僧分馍问题”演变而得. 如果将大和尚、小和尚分别看作鸡和兔，馍看作腿，那么就成了鸡兔同笼问题，可以用假设法来解.

假设 100 人全是大和尚，那么共需馍 300 个，比实际多 300－160＝140(个). 现在以小和尚去换大和尚，每换一个总人数不变，而馍就要减少 3－1＝2(个)，因为 140÷2＝70，故小和尚有 70 人，大和尚有 100－70＝30 (人).

同样，也可以假设 100 人都是小和尚，同学们不妨自己试试.

4. **解析** 三人共得 87＋74＋9＝170(分)，比满分 10×10×3＝300(分)少 300－170＝130(分)，因此三个人共答错 130÷(10＋3)＝10(道)题；共答对了 30－10＝20(道)题.

5. **解析** 假设 50 千克都是乙种农药，那么需要兑水 40×50＝2 000(千克). 但题目要求配药水 1 400 千克，即实际兑水 1 400－50＝1 350(千克). 多用了 2 000－1 350＝650(千克)水，又已知使用乙种农药每千克兑水需要比使用甲种农药多兑水 40－20＝20(千克)，所以推知，在混合农药中甲种农药有 650÷20＝32.5(千克).

6. **解析** 首先要根据已知条件计算一共采了多少天，再根据“鸡兔同笼”问题的解法计算.

因松鼠妈妈共采松果 120 个，平均每天采 15 个，所以实际用了 120÷15＝8(天). 假设这 8 天全是晴天，松鼠妈妈应采松果 18×8＝144(个)，比实际采的多了 144－120＝24(个)，因雨天比晴天少采 18－14＝4(个)，所以共有雨天 24÷4＝6(天).

7. **解析** 假设每次一起取 7 只白球和 21 只红球，由于每次拿得红球都是白球的 3 倍，所以最后剩下的红球数应该刚好是白球数的 3 倍多 2. 由于每次取的白球和原定的一样多，所以最后剩下的白球应该不变，仍然是 3 个. 按照我们的假设，剩下的红球应该是白球的 3 倍多 2，即 3×3＋2＝11(只). 但是实际上最后剩了 53 只红球，比假设多剩 42 只，因为每一次实际取得与假设相比少 6 只，所以可以知道一共取了 42÷6＝7(次)，原来有红球 7×15＋53＝158(只).

8. **解析** 由于每只动物有两只眼睛，由题意知：动物园里鸵鸟和大象的总数为 36÷2＝18，假设鸵鸟和大象一样也有 4 只脚，则应该有 4×18＝72(只)脚，多了 72－52＝20(只)脚，由假设引起的差值 4－2＝2，则鸵鸟数为 20÷2＝10(只)，大象数为 18－10＝8(头).

9. **解析** 方法 1：假如再补上 28 只鸡脚，也就是再有鸡 28÷2＝14(只)，鸡与兔脚数就相等，兔的脚是鸡的脚 4÷2＝2(倍)，于是鸡的只数是兔的只数的 2 倍. 兔的只数是

$$(100+28\div 2)\div(2+1)=38(\text{只}).$$

鸡是 100－38＝62(只).

当然也可以去掉兔 28÷4＝7(只). 兔的只数是

$$(100-28\div 4)\div(2+1)+7=38(\text{只}).$$

也可以用任意假设一个数的办法.

方法2:假设有50只鸡,就有兔 $100-50=50$(只).此时脚数之差是 $4\times50-2\times50=100$,比28多了72.就说明假设的兔数多了(鸡数少了).为了保持总数是100,一只兔换成一只鸡,少了4只兔脚,多了2只鸡脚,相差为6只(千万注意,不是2).因此要减少的兔数是 $(100-28)\div(4+2)=12$(只).兔只数是 $50-12=38$(只).

10. **解析** 假设全是抬水,38根扁担应担38个桶,而实际上是58个桶,为什么少了 $58-38=20$(个)桶呢?因为当我们把一个挑水的当作抬水的就会少算 $2-1=1$(个)桶,所以有 $20\div1=20$(人)在挑水,抬水的扁担数是 $38-20=18$(根),抬水的人数是 $18\times2=36$(人).

## 第十讲 练习题解析

1. **解析** B.

直接代入公式为 $50=31+40+4-A\cap B$

得 $A\cap B=25$,所以答案为B.

2. **解析** C.

这是一种新题型,该种题型直接从求解出发,将所求答案设为 $A\cap B$,本题设小号和蓝色分别为两个事件 $A$ 和 $B$,小号占50%,蓝色占75%,直接代入公式为 $100=50+75+10-A\cap B$,得 $A\cap B=35$.

3. **解析** A.

本题画图按中路突破原则,先填充三集合公共部分数字24,再推其他部分数字.

根据每个区域含义应用公式得到:

$$\begin{aligned}总数&=各集合数之和-两两集合数之和+三集合公共数+三集合之外数\\&=63+89+47-[(x+24)+(z+24)+(y+24)]+24+15\\&=199-[(x+z+y)+24+24+24]+24+15\end{aligned}$$

根据上述含义分析得到:$x+z+y$ 只属于两集合数之和,也就是该题所讲的选择两种考试参加的人数,所以 $x+z+y$ 的值为46人,得本题答案为120.

4. **解析** A.

本题画图按中路突破原则,先填充三集合公共部分数字12,再推其他部分数字.

根据各区域含义及应用公式得到:

总数=各集合数之和-两两集合数之和+三集合公共数+三集合之外数

$100=58+38+52-[18+16+(12+x)]+12+0$,因为该题中没有三种都不喜欢的人,所以三集合之外数为0,解方程得到 $x=14.52=x+12+4+y=14+12+4+y$,

得到 $y=22$ 人.

5. **解析** 设 $A=\{$数学成绩 90 分以上的学生$\}$

$B=\{$语文成绩 90 分以上的学生$\}$

那么,集合 $A\cup B$ 表示两科中至少有一科在 90 分以上的学生,由题意知,

$$|A|=25,|B|=21,|A\cup B|=38$$

现要求两科均在 90 分以上的学生人数,即求 $|A\cap B|$,由容斥原理得

$$|A\cap B|=|A|+|B|-|A\cup B|=25+21-38=8$$

解决本题首先要根据题意,设出集合 $A$、$B$,并且会表示 $A\cup B$、$A\cap B$,再利用容斥原理求解.

6. **解析** 设 $A=\{$打篮球的同学$\}$;$B=\{$跑步的同学$\}$

则:$A\cap B=\{$既打篮球又跑步的同学$\}$

$A\cup B=\{$参加打篮球或跑步的同学$\}$

应用容斥原理 $|A\cup B|=|A|+|B|-|A\cap B|=39+37-25=51$(人)

7. **解析** 方法 1:设 $A=\{$参加数学小组的同学$\}$,$B=\{$参加语文小组的同学$\}$,$C=\{$参加外语小组的同学$\}$,$A\cap B=\{$参加数学、语文小组的同学$\}$,$A\cap C=\{$参加数学、外语小组的同学$\}$,$B\cap C=\{$参加语文、外语小组的同学$\}$,$A\cap B\cap C=\{$三个小组都参加的同学$\}$

由题意知:$|A|=23,|B|=27,|C|=18$

$$|A\cap B|=4,|B\cap C|=5,|A\cap C|=7,|A\cap B\cap C|=2$$

根据容斥原理得:

$$\begin{aligned}|A\cup B\cup C|&=|A|+|B|+|C|-|A\cap B|-|A\cap C|-|B\cap C|+|A\cap B\cap C|\\&=23+27+18-(4+5+7)+2\\&=54(人)\end{aligned}$$

方法 2:利用图示法逐个填写各区域所表示的集合的元素的个数,然后求出最后结果.

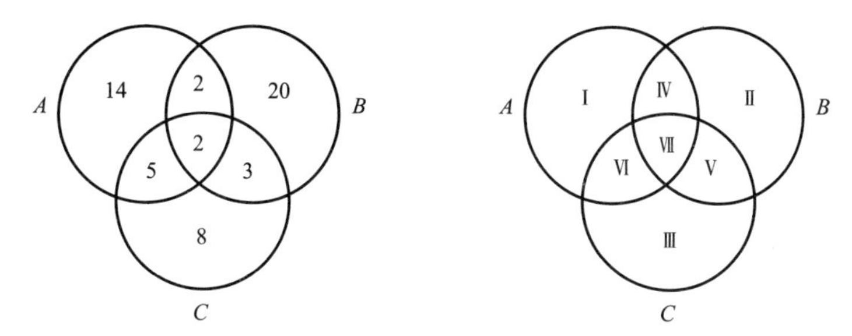


设 $A$、$B$、$C$ 分别表示参加数学、语文、外语小组的同学的集合,其图分割成七个互不相交的区域,区域Ⅶ(即 $A\cap B\cap C$)表示三个小组都参加的同学的集合,由题意,应填 2. 区域Ⅳ表示仅参加数学与语文小组的同学的集合,其人数为 $4-2=2$(人). 区域Ⅵ表示仅参加数学与外语小组的同学的集合,其人数为 $7-2=5$(人). 区域Ⅴ表

示仅参加语文、外语小组的同学的集合，其人数为 5－2＝3(人). 区域Ⅰ表示只参加数学小组的同学的集合，其人数为 23－2－2－5＝14(人). 同理可把区域Ⅱ、Ⅲ所表示的集合的人数逐个算出，分别填入相应的区域内，则参加课外小组的人数为 14＋20＋8＋2＋5＋3＋2＝54(人).

8. **解析** 工人总数 100，只能干电工工作的人数是 5 人，除去只能干电工工作的人，这个车间还有 95 人. 利用容斥原理，先多加既能干车工工作又能干焊工工作的这一部分，其总数为 163，然后找出这一公共部分，即 163－95＝68(人).

9. **解析** 由题意得，前五名同学合在一起，将五个试题每个题目做对了三遍，他们的总分恰好是试题总分的三倍. 五人得分总和是 16＋25＋30＋28＋21＝120. 因此，五道题满分总和是 120÷3＝40. 所以已得了 40 分.

10. **解析** 本题只有求出至少教英、日、法三门课中一种的教师人数，才能求出不教这三门课的外语教师的人数. 至少教英、日、法三门课中一种教师人数可根据容斥原理求出. 根据容斥原理，至少教英、日、法三门课中一种的教师人数为 50＋45＋40－15－10－8＋4＝106(人)，则不教这三门课的外语教师的人数为 120－106＝14(人).

## 第十一讲 练习题解析

1. **解析** 将一年中的 366 天或 365 天视为 366 个或 365 个抽屉，400 个人看作 400 个苹果，从最极端的情况考虑，即每个抽屉都放一个苹果，还有 35 个或 34 个苹果必然要放到有一个苹果的抽屉里，所以至少有一个抽屉有至少两个苹果，即至少有两个人的生日相同.

2. **解析** 一年最多有 366 天，把 366 天看作 366 个“抽屉”，将 367 名学生看作 367 个“苹果”. 这样，把 367 个苹果放进 366 个抽屉里，至少有一个抽屉里不止放一个苹果. 这就说明，至少有 2 名同学的生日相同.

3. **解析** 把自然数按照除以 5 的余数分成 5 个剩余类，即 5 个抽屉. 任取 6 个自然数，根据抽屉原理，至少有两个数属于同一剩余类，即这两个数除以 5 的余数相同，因此它们的差是 5 的倍数.

4. **解析** (1) 不一定有. 例如 1、2、3、4、5、10 这 6 个数中，任意两个数的和都不是 10 的倍数.
(2) 一定有. 将第 1 类与第 9 类合并，第 2 类与第 8 类合并，第 3 类与第 7 类合并，第 4 类与第 6 类合并，制造出 4 个抽屉；把第 5 类、第 10 类分别看作 1 个抽屉，共 6 个抽屉. 任意 7 个互不同类的自然数，放到这 6 个抽屉中，至少有 1 个抽屉里放 2 个数. 因为 7 个数互不同类，所以后两个抽屉中每个都不可能放两个数. 当两个互不同类的数放到前 4 个抽屉的任何一个里面时，它们的和一定是 10 的倍数.

5. **解析** 两位数除以 11 的余数有 11 种：0，1，2，3，4，5，6，7，8，9，10，按余数情况把所有两位数分成 11 种. 12 个不同的两位数放入 11 个抽屉，必定有至少两个数在同一个抽屉里，这两个数除以 11 的余数相同，两者的差一定能整除 11. 两个不同的两位数，差能被 11 整除，这个差也一定是两位数(如 11，22，…)，并且个位与十位相同. 所以，任给 12 个不同的两位数，其中一定存在着这样的两个数，它们的差是个位与十位数字相同的两位数.

6. **解析** 因为只有男生或女生两种情况，所以第 1 行的 7 个位置中至少有 4 个位置同性别. 为了确定起见，不妨设前 4 个位置同是男生，如果第二行的前 4 个位置有 2 名男生，那么 4 个角同是男生的情况已经存在，所以我们假定第二行的前 4 个位置中至少有 3 名女生，不妨假定前 3 个是女生. 又第三行的前 3 个位置中至少有 2 个位置是同性别学生，当是 2 名男生时与第一行构成一个四角同性别的矩形，当有 2 名女生时与第二行构成四角同性别的矩形. 所以，不论如何，总能从队形中划出一个矩形，使得站在这个矩形 4 个角上的学生同性别. 问题得证.

7. **解析** 首先应弄清不同的水果搭配有多少种. 两个水果是相同的有 4 种，两个水果不同有 6 种：苹果和梨、苹果和桃、苹果和橘子、梨和桃、梨和橘子、桃和橘子. 所以不同的水果搭配共有 $4+6=10$(种). 将这 10 种搭配作为 10 个“抽屉”，将小朋友作为“苹果”. 由抽屉原理知至少需 11 个小朋友才能保证有两个小朋友拿的水果是相同的.

8. **解析** 从四种玩具中挑选不同的两种，所有的搭配有以下 6 组：牛、马；牛、羊；牛、狗，马、羊，马、狗；羊、狗. 把每一组搭配看作一个“抽屉”，共 6 个抽屉. 根据抽屉原理，至少要有 7 个小朋友去拿，才能保证有两人所拿玩具相同.

9. **解析** 构造和为 41 的抽屉：(1，40)，(4，37)，(7，34)，(10，31)，(13，28)，(16，25)，(19，22)，共 7 个抽屉现在取 8 个数，一定有两个数取在同一个抽屉，所以至少有两个数的和是 41.

10. **解析** 将 100 个数分成 50 组：{1，51}，{2，52}，{3，53}，…，{50，100}，将其看作 50 个抽屉，在选出的 51 个数中，必有两个属于一组，这一组的差为 50. 这道题也可以从小数入手考虑.

11. **解析** 在这 20 个自然数中，差是 12 的有以下 8 对：{20，8}，{19，7}，{18，6}，{17，5}，{16，4}，{15，3}，{14，2}，{13，1}. 另外还有 4 个不能配对的数{9}，{10}，{11}，{12}，共制成 12 个抽屉(每个括号看成一个抽屉). 只要有两个数取自同一个抽屉，那么它们的差就等于 12，根据抽屉原理至少任选 13 个数，即可办到(取 12 个数：从 12 个抽屉中各取一个数，如取 1，2，3，…，12，这 12 个数中任意两个数的差必不等于 12).

12. **解析** 将 1～1989 排成四个数列：

1，5，9，…，1985，1989

2，6，10，…，1986

3,7,11,…,1987

4,8,12,…,1988

每个数列相邻两项的差是4,因此,要使取出的数中每两个的差不等于4,每个数列中不能取相邻的项.因此,第一个数列只能取出一半,因为有$(1989-1)\div 4+1=498$项,所以最多取出249项,例如,1,9,17,…,1985.同样,后三个数列每个最多可取249项.因而最多取出$249\times 4=996$个数,其中每两个的差不等于4.

13. **解析** 方法1:因为均是奇数,所以如果存在倍数关系,那么也一定是3、5、7等奇数倍.$3\times 33=99$,于是从35开始,1～99的奇数中没有一个是35～99的奇数倍(不包括1倍),所以选出35,37,39,…,99这些奇数即可.共可选出33个数,使得选出的数中,每一个数都不是另一个数的倍数.

方法2:利用3的若干次幂与质数的乘积对这50个奇数分组.(1,3,9,27,81),(5,15,45),(7,21,63),(11,33),(13,39),(17,51),(19,57),(23,69),(25,75),(29,87),(31,93),(35),(37),(41),(43),…,(97)共33组.前11组,每组内任意两个数都存在倍数关系,所以每组内最多只能选择一个数.因此,最多可以选出33个数,使得选出的数中,每一个数都不是另一个数的倍数.

评注:1～$2n$个自然数中,任意取出$n+1$个数,则其中必定有两个数,它们一个是另一个的整数倍;从2,3,…,$2n+1$中任取$n+2$个数,必有两个数,它们一个是另一个的整数倍;从1,2,3,…,$3n$中任取$2n+1$个数,则其中必有两个数,它们中一个是另一个的整数倍,且至少是3倍;从1,2,3,…,$mn$中任取$(m-1)n+1$个数,则其中必有两个数,它们中一个是另一个的整数倍,且至少是$m$倍($m$、$n$为正整数).

14. **解析** 把这200个数分类如下:

(1) $1,1\times 2,1\times 2^2,1\times 2^3,\cdots,1\times 2^7$;

(2) $3,3\times 2,3\times 2^2,3\times 2^3,\cdots,3\times 2^6$;

(3) $5,5\times 2,5\times 2^2,5\times 2^3,\cdots,5\times 2^5$;

…

(50) $99,99\times 2$;

(51) 101;

(52) 103;

…

(100) 199.

以上共分为100类,即100个抽屉,显然在同一类中的数若不少于两个,那么这类中的任意两个数都有倍数关系.从中任取101个数,根据抽屉原理,一定至少有两个数取自同一类,因此其中一个数是另一个数的倍数.

15. **解析** 将边长为3的正三角形等分为9个小正三角形,如图所示.根据抽屉原理,10个点中必有两个点落入同一个小正三角形的内部或边上，那么这两个点之间的距离不会超过小正三角形的边长，故必有两个点的距离不大于1.

16. **解析** 设正方形为 $ABCD$，$E$、$F$ 分别是 $AB$、$CD$ 的中点. 设直线 $MN$ 把正方形 $ABCD$ 分成两个矩形 $ABMN$ 和 $CDNM$，并且与 $EF$ 相交于 $P$（如图），矩形 $ABMN$ 的面积∶矩形 $CDNM$ 的面积 $=2:3$，如果把直线 $MN$ 绕 $P$ 点旋转一定角度后，原来的两个矩形就变成两个梯形，根据割补法两个梯形的面积比也为 2∶3，所以只要直线 $MN$ 绕 $P$ 点旋转，得到的两个梯形的面积比为 2∶3，因此将矩形分成 2∶3 的两个梯形必定经过 $P$ 点，同样根据对称经过 $Q$ 点的直线也是满足条件的直线，同理，我们还可以找到把矩形分成上下两个梯形的两个点. 这样，在正方形内就有 4 个固定的点，凡是把正方形面积分成两个面积为 2∶3 的梯形的直线，一定通过这 4 点中的某一个. 我们把这 4 个点看作 4 个抽屉，9 条直线看作 9 个苹果，由抽屉原理可知，$9=4\times2+1$，所以，必有一个抽屉内至少放有三个苹果，也就是，必有三条直线要通过一个点.

## 第十二讲　练习题解析

1. **解析** 由于纵横两个方向各增加 1 人，因此不但将剩余 12 人摆上，而且还差 9 人，说明一横行与一竖行的人数总和是 $12+9=21$（人）.

又由于纵横两个方向各增加 1 人，因此只有 1 人同属于横行与纵行，在数每边上的人数时，总被多数一次，因此可以用 21 人先加上被重复数过的 1 人，再除以 2，也就得到每边人数. 列式为 $(21+1)\div2=11$（人）. 求出每边人数，就可求出假设排满后的人数，列式为 $11\times11=121$（人），用 121 人减去差的 9 人就是原来人数，列式为 $121-9=112$（人）. 也可以根据原来的方阵再加上 12，请你试一试.

答：原有学生 112 人.

2. **解析** 要想求出方阵中一共有多少士兵，就应先求出方阵的最外层每边有多少人. 已知方阵最外一层有 100 人，用 $100\div4=25$（人），每边是不是 25 人呢？不是的，因为平均分成 4 份后，还需要再加上 1，才正好是每边上的人数，列式应该为 $100\div4+1=26$（人）. 因此方阵中一共有 $26\times26=676$（人）.

答：一共有 676 人.

这道题关键是求出每边人数. 在求每边人数时，不要认为和"知道了正方形周长，求边长"一样，还必须要加上 1.

3. **解析** 如右图，最外一层每边摆 6 枚，根据方阵每行每列个数相等特点，因此一共有 $6\times6=36$（枚）棋子.

最外一层每边有 6 枚，如果用 $6\times4=24$（枚），就认为是最外一层棋子数的答案，那就错了. 因为正方形每个顶点上的棋子分属于一行一列，这样棋子在计算总数时就被多数了一次，这样的顶点一共有 4 个，需要把多数的减去，才能得到正确的结果. 列式是 $6\times4-4=20$(枚).

这道题还可以这样想：数每边棋子时，可以按上图先划分成 4 个相等的块，这样每边就有 5 枚了，因此用 $5\times4=20$(枚)，也可以得到正确答案. 按照划分块的方法不同，至少还有两种方法，请同学们试一试.

4. **解析** 方法 1：把去掉 4 行 4 列转化为一行一列的去掉，就可用例 6 的结论：

去掉一行一列的总人数＝原每行人数×2－1

反复利用 4 次这个公式，只要注意“原每行人数”的变化，即可列式为：

去掉 4 行 4 列的总人数

$=20\times2-1+(20-1)\times2-1+(20-2)\times2-1+(20-3)\times2-1$

$=40-1=38-1+36-1+34-1$

＝144(人)

方法 2：原来是一个 7 行 7 列的方阵，若去掉 4 行 4 列后，仍剩下一个小正方形方阵，因此去掉 4 行 4 列的总人数＝原正方形方阵每边人数－4，即

去掉的总人数$=20\times20-(20-4)\times(20-4)$

$=400-256$

＝144(人)

答：去掉 4 行 4 列，要减少 144 人.

5. **解析** 方法 1：自己画图可以看出，角上的四盏灯各属于两行，所以彩灯总数应为：

$12\times4-4=44$(盏)

方法 2：还可以把彩灯分成相等的四部分，因此彩灯总数为：

$(12-1)\times4=44$(盏)

答：这个舞厅四周共装彩灯 44 盏.

6. **解析** 分析思路参见例 6，最外层每边人数＝总数÷4÷层数＋层数

$204\div4\div3+3=20$(盆)

答：最外面一层每边有鲜花 20 盆.

7. **解析** 根据四周人数与每边人数的关系可知：每边人数＝四周人数÷4＋1，可以求出这个方阵最外层每边的人数，那么这个方阵队列的总人数就可以求出来了.

(1) 方阵最外层每边的人数：$20\div4+1=5+1=6$(人)

(2) 整个方阵共有学生人数：$6\times6=36$(人)

答：方阵最外层每边的人数是 6 人，这个方阵共有 36 人.

8. **解析** 方阵每向里面一层，每边的个数就减少 2 个，知道最外面一层，每边放 15 个，可以求出最里层每边的个数，就可以求出最里层一周放棋子的总数.

根据最外层每边放棋子的个数减去这个中空方阵的层数，乘以层数，再乘以 4，计算出这个中空方阵共用棋子多少个.

最里层一周棋子的个数是：(15－2－2－1)×4＝40(个)

这个空心方阵共用的棋子数是：(15－3)×3×4＝144(个)

答：这个方阵最里层一周有 40 个棋子；摆这个中空方阵共用 144 个棋子.

9. **解析** 我们可以采用先求出每层人数再求总人数的方法进行.

由于最外层每边有 12 人，因此最外层一共有(12－1)×4＝44(人)，又根据方阵相邻两层，外层比内层人数多 8 的特点，因此第二层有 44－8＝36(人)，第三层有36－8＝28(人)，第四层有 28－8＝20(人). 因此一共有 44＋36＋28＋20＝128(人).

还可以这样想，把四层中空方阵划分如例 5 的形状，我们发现每个矩形可以看成四排战士，每排有 8 人组成. 因此一个矩形有 8×4＝32 人，一共有 4 个矩形，32×4＝128 人.

当然还可以先把中空方阵看成中实方阵，然后再减去补上的小中实方阵人数，也可以求出一共有多少人，看成中实方阵后，最外一层每边 12 人，因此一共有 12×12＝144(人). 又因为在方阵中相邻两个正方形每边人数相差 2，因此第二层每边有 12－2＝10(人)，第三层每边有 10－2＝8(人)，第四层每边有 8－2＝6(人)，第五层每边有 6－2＝4(人). 因此小的中实方阵有 4×4＝16(人). 144－16＝128(人)就表示一共有战士的人数.

答：一共有 128 人.

10. **解析** 由于方阵中相邻两个正方形每边相差 8，因此第二层应摆鲜花 48－8＝40(盆)，第三层有花 40－8＝32(盆)，第四层有花 32－8＝24(盆). 这样通过枚举方法求出一共有四层花，及中间两层花的总数. 因此一共摆了 48＋40＋32＋24＝144(盆).

答：一共摆了 144 盆.

11. **解析** 根据已知条件柳树和杨树的种法有如下两种，假设黑点表示杨树，白点表示柳树观察下图，不管是柳树种在方阵最外层的角上还是杨树种在方阵最外层的角上，方阵中除最里边一层外其他层杨树和柳树都是相同的. 因而杨树和柳树的棵数相等. 即最外层杨，柳树分别为(7－1)×4÷2＝12(棵).

●○●○●○●　　○●○●○●○
○●○●○●○　　●○●○●○●
●○●○●○●　　○●○●○●○
○●○●○●○　　●○●○●○●
●○●○●○●　　○●○●○●○
○●○●○●○　　●○●○●○●
●○●○●○●　　○●○●○●○

当柳树种在方阵最外层的角上时，最内层的一棵是柳树；当杨树种在方阵最外层的角上时，最内层的一棵是杨树，即在方阵中，杨树和柳树总数相差 1 棵.

(1) 最外层杨柳树的棵数:$(7-1)\times4\div2=12$(棵)

(2) 当杨树种在最外层角上时,杨树比柳树多1棵.

杨树:$(7\times7+1)\div2=25$(棵)

柳树:$7\times7-25=24$(棵)

(3) 当柳树种在最外层角上时,柳树比杨树多1棵.

柳树:$(7\times7+1)\div2=25$(棵)

杨树:$7\times7-25=24$(棵)

答:在两种方法中,方阵最外层都有杨树12棵,柳树12棵,方阵中总共有杨树25棵,柳树24棵,或者有杨树24棵,柳树25棵.